乡村振兴精品教材

农民安全教育
与农业防灾减灾

◎ 董建强　孙小霞　杜军辉　主编

中国农业科学技术出版社

图书在版编目(CIP)数据

农民安全教育与农业防灾减灾 / 董建强，孙小霞，杜军辉
主编. --北京：中国农业科学技术出版社，2023.6
　ISBN 978-7-5116-6291-0

　Ⅰ.①农…　Ⅱ.①董…②孙…③杜…　Ⅲ.①农民-安全
教育②农业-自然灾害-灾害防治　Ⅳ.①X956②S42

中国国家版本馆 CIP 数据核字(2023)第 095993 号

责任编辑　白姗姗
责任校对　李向荣
责任印制　姜义伟　王思文

出 版 者　中国农业科学技术出版社
　　　　　北京市中关村南大街 12 号　　邮编：100081
电　　话　(010) 82106638 (编辑室)　　(010) 82109702 (发行部)
　　　　　(010) 82109709 (读者服务部)
网　　址　https://castp.caas.cn
经 销 者　各地新华书店
印 刷 者　河北鑫彩博图印刷有限公司
开　　本　140 mm×203 mm　1/32
印　　张　4.75
字　　数　120 千字
版　　次　2023 年 6 月第 1 版　2023 年 6 月第 1 次印刷
定　　价　39.80 元

前　　言

随着我国经济发展的不断加快，农民成为我国建设和发展的重要力量。许多农民从事的行业劳动力密集、劳动环境危险性较高，安全事故时有发生。因此，对农民进行安全教育培训是减少事故发生，实现"安全第一、预防为主"的有效途径。

我国是世界上农业自然灾害最严重的国家之一。农业自然灾害的发生对我国的农业正常生产构成了极大威胁。学会预防农业自然灾害，使农业自然灾害造成的损失最小化，对推动我国现代农业建设、经济持续发展、社会和谐稳定有着重要的意义。

本书共 11 章，包括农民安全教育概述，农民生活安全，农民禁赌、禁毒、防艾常识，农民交通安全，农民网络安全，农民生产安全，农业自然灾害的防灾减灾，风灾、雹灾，低温灾害，洪涝灾害，旱灾等内容。

编　者

2023 年 4 月

目　　录

上篇　农民安全教育

下篇　农业防灾减灾

上篇　农民安全教育

第一章　农民安全教育概述

第一节　提升农民安全意识

2021 年 6 月，农业农村部召开全国农业安全生产工作视频会议，对农业安全生产工作进行再强调、再部署、再落实。会议指出，以农业安全生产专项整治三年行动为抓手，聚焦重点地区、关键节点、薄弱环节，举一反三全面开展农机等行业领域安全生产隐患排查整治，积极配合排查农村领域安全风险，列出问题清单，采取切实有效措施，全面彻底消除风险隐患，从源头上防范事故发生。组织宣传安全生产政策法规、应急避险和自救互救方法，提升农民群众和农业经营主体安全意识及应急处置能力。

安全生产是农村生产发展的重要支撑，生产不安全就谈不上生产发展。但自建房屋的安全隐患、无证车辆载客车毁人亡、用电用水用气造成消防安全事故等时有发生。究其原因，主要是因为农民安全意识薄弱，对造成的安全事故认识不深刻，自救能力差。

一、提高农民的安全意识，增强责任感和自觉性

对农民的安全教育是实施安全管理的一项基础性工作，是保证安全生产的重要手段。通过安全教育培训使广大农民对"安全第一，预防为主"安全生产方针有深入的理解，进而增强法治观念，使他们自觉遵守各项安全生产规章制度，注重安全生产。搞好安全工作关键在于人，安全工作强调以人为本，人的安全素质的高低，安全意识的强弱，从根本上直接影响生活、生产。

二、通过开展经常性安全教育，就能使农民意识到自身不足

对农民进行安全教育，保证农民具备生活、生产知识和安全操作技能，是保证农民安全生产的重要前提和基础。通过安全技术知识的教育，提高安全技术水平，使广大农民掌握各种事故发生的客观规律，减少人为失误，控制自身的不安全行为，在安全意识上真正从"要我安全"向"我要安全""我会安全"的观念转变，从而达到保护自身和他人的安全健康的目的。

第二节　农民安全教育策略

一、加强农民安全教育

（一）构建安全文明宣传大环境

农村的安全教育，首先摆在面前的是人员分散、学习热情不高、学习能力不足等问题，基层安全人员要做到"婆婆嘴，兔子腿"，培养农民的安全意识，讲清各类事故的发生条件，说明利害关系。通过广播、电视、报纸等新闻媒体，加强信息传播、舆

论监督、教育引导、解释沟通，通过安全生产知识进农户、上田头地边、入街头巷尾，把安全知识融入群众喜闻乐见的艺术形式之中，使群众在歌声、笑声中接受安全知识教育。

（二）落实进村入户全覆盖大检查

安全生产，警钟长鸣，要加大农村安全生产检查排查，应组织专业人员队伍，进村入户对老百姓家的安全隐患进行排查。重点针对农用机械、农村在建工地、危旧房、农户自用房建设、燃气设施、摩托车、三轮车及改装车非法载客等违法行为开展安全生产隐患排查整治，落实整改责任人，明确整改时限，督促问题户整改。建立农村安全事故应急预案，完善隐患排查台账等资料，做到有备无患。

（三）解决农民安全教育大问题

提高农民的安全文化素质，是强化社会安全意识、防范事故，确保农村安全的根本途径。应定期组织开展农民安全教育，提高农民的安全防护技能。还应在重要路段设立交通劝导员，在农村危险地段及沟、塘、渠、堰等危险水域设立警示标识、标牌，在村里农民活动人口密集地方设立安全生产宣传壁画。开展安全知识警示教育和安全知识进农村活动，形成"教育一个农民，带动一个家庭，影响一片群众"的氛围。

二、将农民安全教育纳入安全生产教育总体规划

各单位和部门要完善相应的规划内容，制定相应的教育计划，把农民作为安全教育的重点对象，提出明确的教育目标、措施和要求并积极实施。

三、加大执法力度，进一步落实企业教育主体责任

将安全教育特别是农民安全教育纳入监察执法的重要范畴。

安全监督管理部门要开展经常性的安全教育专项督查，督促企业按照国家有关规定，落实包括农民在内的全员安全教育，特别是对高危行业新招录的人员，必须实施强制性岗前安全教育，经考核合格后方能上岗作业。对不履行全员安全教育义务的高危企业以及未经教育或教育考核不合格就安排上岗作业等违法行为，要依法严肃查处。

四、加强安全教育法规建设，推进以农民为重点的全员安全教育

一是针对当前农民安全教育存在的突出问题，加强调查研究，及时完善农民安全教育相关政策措施。二是进一步修订、完善高危行业生产经营单位和特种岗位人员及农民的安全教育大纲和考核标准。三是进一步贯彻落实相关法律法规，推进高危行业全员教育特别是农民安全教育工作。四是广泛开展安全生产知识电视教育等普及性教育活动。五是把对中小企业安全教育的指导服务与监督管理结合起来，对没有教育能力的中小企业开展送教上门活动。六是整合教育资源。

五、定期组织举办农民安全生产知识和技能大奖赛

有关部门定期组织举办农民安全生产知识和技能大奖赛，激励农民参加安全教育的积极性，给予农民安全教育的政策支持。各级政府将农民安全教育资金列入政府预算，建立由政府、用人单位和个人共同负担的农民教育投入机制。借鉴发达国家经验，改变我国工伤保险轻预防、重赔偿的传统观念和做法，研究工伤保险按比例提取，用于职工特别是农民安全教育方面。积极在企业实行团体人身意外伤害保险工作，建议加强劳动用工管理，督促高危企业全面实行用工登记制度，将岗前安全教育作为重要基础条件。有关部门在职业技能教育、职业教育以及正在实施的阳

光工程中增加安全知识内容。

六、加强农村安全文化建设

深入开展安全知识进农村，加强农村安全文化建设，广泛宣传党的安全发展方针政策、安全应急管理常识，增强安全文化影响力、吸引力和渗透力，努力营造起人人需要安全、人人维护安全、人人创造和保证安全的社会氛围。

七、提升安全素质

强化安全发展理念，坚持安全发展思维是防控安全事故的源头，提升全民安全素质是筑牢安全的第一道防线。

强化安全发展观念，提升全民安全素质，领导干部要当好"带头人"。领导干部要加大督导检查力度，定期到包联企业督导检查安全生产工作，对发现的问题要限期整改。各部门各单位的主要负责人要时刻紧绷安全生产红线，严格落实"管行业必须管安全，管业务必须管安全，管生产经营必须管安全"的要求，主动带头，强化调度，落实责任。

强化安全发展观念，提升全民安全素质，安全工作者要当好"守护人"。广大安全工作者是安全的守护者，肩负着神圣职责和光荣使命，对人民高度负责、对工作高度负责，不断强化安全发展观念，积极主动学习和充实安全专业知识，并转化为抓好安全生产各项工作的能力，做好"安全生产啄木鸟""隐患排查显微镜"。

强化安全发展观念，提升全民安全素质，人民群众要当好"参与人"。全面发挥群众举报隐患的作用，扎实推进安全生产宣传教育"六进"活动，形成全社会"人人关注安全生产、人人参与安全监管"的良好氛围。要积极利用电视、广播、报纸、

网络和移动终端等群众喜闻乐见的宣传渠道，持续推进安全文化传播，普及安全科学知识，加快形成安全工作群防群治的氛围。要结合实际，创新形式，全面加强安全教育培训，强化民众避险减灾和自我防范意识，不断提升全民安全素质。

第二章 农民生活安全

第一节 用电安全

一、农村用电事故

农村用电事故包括人身触电、电气火灾、设备损坏、停电，以及雷电伤害等。

1. 人身触电事故

农村触电事故，包括直接触电事故、设备漏电触电事故、跨步电压触电事故，可以造成人身重大伤害甚至死亡。

2. 电气火灾事故

由于电气设备使用不当、电气设备质量差、电力设施故障等原因引发火灾事故，属于电气火灾事故。电气火灾所占比例很高，经常发生在公共娱乐活动场所、家庭、生产场所。

3. 设备损坏事故

农村用电设备损坏的事故，一是农忙时节严重超负荷造成电网设备损坏，如变压器、配电设备和线路损坏，引起停电，影响农业生产；二是对电网设备的破坏，如破坏绝缘子、倒杆断线等，引起停电事故；三是电网问题引起的过电压烧坏家用电器；四是缺相运行，过电压或是欠电压运行损坏生产用电设备；五是自动设备损坏。

4. 停电事故

突然中断电力供应，造成电力设备损坏，生产停顿，影响正常生活秩序。电力供应中断由电网事故或用户违规操作引起。农村停电事故中，配电网事故占了较大的比例，人为因素（直接或间接因素）是主要的。

5. 雷电伤害事故

雷电伤害事故本质上属于自然灾害，在很多情况下，即使不用电也会受到伤害。雷电波沿着电力线路向两个方向传播，击穿电力设备绝缘薄弱点，损坏电力设备，造成电力供应中断，损坏家用电器，甚至造成人身伤害事故。

二、农村用电安全

（一）保护好低压线路和电网设施

要想保证用电安全，首先要保护好电网安全。对于农村用户来说，特别是保护好电力线路安全。《电力设施保护条例》规定，"电力设施的保护，实行电力管理部门、公安部门和人民群众相结合的原则"。每个人都有保护电力设施的责任。

（二）加强用电设备的管理

生产用电设备，包括直接用于生产的电气设备，如电动机、加热器配套的自用线路及其配电设施（如断路器、熔断器等）。加强自备电力设施和生产用电设备的管理，是安全用电工作中必不可少的重要环节。

1. 建好管好自有线路

农村企业的排灌专用水泵房和家庭作坊，一般都有自建、自管、自用的专用线路和配电设施。有的企业重视用电安全，因此，线路和配电设施的设计、建设比较规范，管理比较严格，事故少。有的企业马虎，往往施工无设计，施工不规范，管理比较

混乱，现场发现电杆东倒西歪，导线松松散散，绝缘外层剥落，橡胶层布满细纹。这种线路就是事故的"温床"，造成的损失远比建设和管理中"节省"的投资大得多，最常见的故障就是线路断线。断线常造成人身触电或是烧坏电器事故，分为相线断线和零线断线。

（1）相线断线。相线（又称火线）断线，会造成人畜触电或是烧坏电气设备。相线断了以后，可能挂在电杆上，也可能掉在地上，随时都可以造成人畜触电事故。

相线断线还可以造成电动机两相运行事故。如果是断了两根相线，电动机停了也就罢了；如果断了一根相线，电动机有两相电压仍然继续运行，此时电动机响声增大，振动增大，温度急剧升高，如果不及时断开电源，这条线路上所有运行的电动机都有可能被烧坏。

（2）零线断线。人们常常轻视零线（又称地线、中性线）的作用，在架设时往往使用最细最差的线，甚至是用铁丝来代替。实际上零线的作用很重要，在三相四线制的电网中，零线起着平衡电流、稳定电压和保护的作用，一旦零线断了，这条线路的运行就乱了套。

正常运行时，如果三相相线的负荷平衡，零线中不流过电流，则三相电压平衡。实际工作中三相负荷分配存在一定的差异，这时零线中就有了电流，相线对零线的电压就不相等了，就会发生类似有的人家电灯亮、有的人家电灯暗的情况。好在有零线，零线电流具有稳定相电压的作用，使三相电压基本上保持在允许的范围内。如果零线断了，"平衡者"缺位，就会发生烧坏电气设备和间接电压触电事故。

烧坏电气设备：当零线断后，负荷大的相线，电压会低于220伏，电灯突然暗下来，日光灯会熄灭；负荷轻的相线，电压

会高于220伏，有的接近380伏，这条相线上的电灯会突然变得很亮，随即灯泡爆炸。如果这条相线上接有电视、空调、洗衣机等家用电器或是电加热设备，很有可能会被烧坏，或者是烧断熔断器。

人身触电事故：零线断线后，负荷侧中性点对地电压会变得相当高。人触及了这根零线就会触电。如果零线与电动机外壳相接，这时电动机外壳就会带电，同样会造成触电事故；如果零线与其他设备外壳或自来水管相连，这可能会引起整个房间带电。

单相线路的零线断后，所有客户的电子式漏电保护装置失去电源而停止工作，但是设备仍然带电，所以危险更大。

2. 维护好配电设备

农村低压配电设备，是指安装在配电变压器低压出口处或是生产车间电源总进线下面的刀开关、启动器、交流接触器、熔断器等设备。这些设备用来分配电能，同时兼承控制下一级设备的工作状态和保护运行设备，是最常见的电气设备。人们经常要安装、维护、更换的不是电动机，而是配电装置。电动机和家用电器损坏的原因，往往是配电设备没有起到控制与保护作用。例如，熔断器失效，烧坏设备或线路；启动器应该合上3个触点，却只合上2个，结果烧坏了电动机。配电装置规格型号很多，无论是刀开关或是熔断器，工作原理和工作要求基本是一致的。正确使用熔断器，可以以较小的代价保护重要的设备。熔断器的规格型号和熔丝的粗细，要保证与电网的电源大小相适应，又可以满足被保护设备对熔断时间的要求。

零线上决不能安装熔断器。在三相线路中，零线上安装熔断器，一旦零线熔断器比相线上的熔断器提前熔断，就和上述零线断线一样，会烧坏设备，甚至造成人身触电事故。在单相线路的地线（零线）上也不应安装熔断器，就像不应把开关装在地线

上一样。零相保险熔断，该相线上的设备停止运行，检修人员会误以为这条线路没有电压，而实际上此时线路、负荷上全部带有电压，容易发生检修人员的触电事故。

3. 做好电气设备的保养和维护工作

（1）警惕电气设备工况的突然变化。要注意电气设备的转动情况，如电动机运行应该转动平稳、声音均匀、振动微小。如果声音和振动突然有变化，温度突然升高，说明设备内部工况有了较大变化。例如，轴承缺油、损坏，电动机绕组匝间短路，转子断条等，应该及时查找原因。不熟悉设备性能的客户，可以请电工帮助检查并消除故障。

（2）注意检查电气设备的温度变化。电气设备从停止到运转，温度由低到高，达到一定温度后逐渐稳定，正常时不会有很大的变化。电动机或变压器的外壳在工作时温度比周围环境温度高，用手摸时发烫，也不会烫伤。如果设备温度突然升高，甚至可以闻到焦煳味，说明内部过热，应立即停止运行设备，请电工进行检查。

温度变化是衡量电气设备工作是否正常的一个重要因素，通过电气设备的颜色变化可以反映出来。若电线接头处、刀开关刀口处颜色变暗，失去铜的光泽，说明温度过高，可能是接触不良造成的；如果颜色发黑且起皮，可能是长期过热造成的，可停止设备保养维护；如果发红，说明严重接触不良，需要立即检修设备。

（3）注意电气设备内部的声音变化。无论是电动机还是变压器，都要认真辨别设备内部声音的来源和大小，均匀还是跳跃，能大致判断出设备运行是否正常。就像医生用听诊器检查病人一样，电工可以借助听音棒来检查设备。听音棒是一根铜或铁棒，两头光滑，用时一端放在耳孔内，一端轻轻触及转动设备，

可以清晰地听到设备转动的声音。如果发出均匀的、轻轻的"嘤嘤"声，说明转动正常；如果声音较大且有不规则的"咔咔"声，转动部分就可能存在问题。听变压器也是同样的道理，如果内部有"咝咝"声或轻轻的"噼里啪啦"声，就要做进一步的检查。

（4）注意电气设备防潮。特别是电气设备停止运行的时候，一定要放在干燥的地方。变压器要注意保持油位，不能让铁芯和绕组暴露在空气中。一般电气设备停止工作 1 个月，在重新工作前，应检查电气绝缘的好坏，最好是找专业电工进行检查。

4. 有事找电工

电气设备有了问题，找电工解决是最简捷可靠的办法。对于电气设备的检测、电源连接等工作，也不宜自己动手。即使是农村企业配有专职电工，也应该周期性地参加供电部门教育，提高预防和处理事故的能力。供电企业有责任指导农村用户如何安全用电，派出电工和技术人员周期性地在各村各组巡回检查，帮助用户解决农村电气设备使用中的难题，解决电气设备的维护保养问题。特别是在春灌前、三夏大忙前、秋收前，供电企业要有组织地到各村镇去检查农忙电气设备，绝缘是否良好，转动部分是否灵活，线路是否正常。农村用户也应该主动寻求电工的帮助，对于自己不会不懂的地方，不可盲干、蛮干。修建房屋、麦场用电、唱戏搭台等需要临时用电，应该请电工来动手。他们不仅能接好电源，还能提供必需的自动保护装置和计量装置，保证安全用电。

三、家庭用电安全

现在家用电器的安全标准比较高，合格产品漏电造成的触电事故可能性很小。经过大规模改造的农村电网"健康"水平有

了很大提高，漏电保护装置的推广使用，有效地减少了人身触电事故。但是，我国农村触电伤亡、电气火灾等事故的比例仍然很高。家庭用电的安全问题主要来自 4 个方面。一是购买了不符合国家质量标准的假冒伪劣产品，有的是使用自制或是不具备生产条件的小作坊产品；二是室内布线不规范，容易断线导致人员触电，或是导线截面太小引发电气火灾；三是缺乏家用电器使用的基本知识，造成家用电器的损坏；四是随意将漏电保护装置退出运行，室内电路和电器失去保护，当发生漏电事故时不能及时切断电源。

（一）接户线和进户线

从低压电力线路接户杆到用户电能表的一段线路叫接户线。从电能表出线端至用户配电装置的一段线路叫进户线。按照产权所属关系，从维护的角度来说，接户线的故障是由供电企业负责维修的，进户线（含电能表）的使用权和所有权属于用户，家庭用电安全主要由用户自己负责。

农村电网改造后，进户线路有的架空，有的是顺墙而行。进户线穿墙时，应套装硬质绝缘管，电线保护在室外应做滴水弯，空墙绝缘管应内高外低，露出墙部分的两端不应小于 10 厘米；滴水弯最低点距地面小于 2 米时，进户线应加装绝缘护套。沿墙和房檐敷设的进户线要与通信线、电视线分开，交叉或接近时距离不小于 0.3 米。

（二）正确使用家用电器

1. 家用电器放在干燥通风处

例如，明火电炉应放在用石板或石棉铺衬的桌上使用，如果放在潮湿的地上就可能漏电。洗澡间里潮气很大，所以要使用防水或防溅开关、插座，洗澡后还需打开门窗通风。

2. 湿手不摸带电的电器

不要用湿手去摸或用湿巾去擦带电的电气设备。清洁电气设

备时应先拔掉电源。千万不要认为合格的家用电器就不会漏电。厂商提供的商品确实不漏电，但在灰尘和潮湿的特殊情况下也会触电。

3. 谨防儿童乱摸电器

采取预防措施，不要让儿童摸到插座和插座板。

4. 电气设备要设有接地装置

洗衣机是防止漏电的主要对象，有的人听说木板可以防漏电，所以把洗衣机放在木板上，这样做是不对的。对洗衣机、移动式电风扇等固定放置，不要经常挪动，以防破坏它的电气绝缘。一定要在电器旁边做好接地线，才可以得到良好的保护。

（三）谨防电气火灾

1. 短路

用电线路和家用电器发生短路时，电流会比正常工作电流大几十倍，甚至达到上千倍，并产生大量的热能，导致电气火灾。

2. 严重过载

有些家庭常常几个大功率的家用电器共用一个接线板，导致用电线路严重过载，易引发电气火灾。还有些家庭把电饭锅、电熨斗、电烤箱等长时间通电，也易引起电气火灾。

3. 电器散热不良

电灯和电熨斗等都是利用电流的热能工作的家用电器，若使用不当，均有可能引起火灾。

4. 接触不良

导线与导线、插头与插座、灯泡与灯座接触不良，都会导致接触点过热，引发电气火灾。

5. 家庭用电安全隐患

家庭用电的安全隐患，包括没有接地线、接地不良、开关插座质量不合格、开关插座老化、装修接错线、线路混乱、用电超

负荷等。电线与燃气管道的安全距离不够，线路老化、超负荷用电等，也存在安全隐患。如果家庭没有安装漏电保护器，则用电安全隐患会更大。有的家庭电线过细，家用电器数量增多后，可能引起电线的塑料绝缘套熔化燃烧，引发火灾事故。要经常检查家中各种电器的电源插头情况，保持插头的良好导电性能。像电饭煲等大功率电器，如果插头发热，说明插头有故障，导电性能不好，应及时更换。特别是电冰箱的插头长期不拔，应定期摸一摸插头发不发热，否则，容易发生意外。在浴室内使用电吹风，线路受潮后容易短路，对人身安全构成威胁。

6. 预防电气火灾措施

（1）正确使用电炊具。使用电炊具要养成随手开关电源的习惯。有的人因为有急事突然走开，忘记关掉电源；有时突然停电，各种电器的指示灯全部熄灭，不知道它们的电源是否开着，就去干别的事情。这样很容易烧干锅，进而引发火灾。

电饭锅可以长期带电，以便保持锅里的饭菜在60℃左右。这种自动功能，是因为紧贴着锅底有个磁性温度测量器。当锅底低于100℃时，磁力紧紧吸住双金属片，保持接通电源；如果锅底超过103℃，磁性就突然消失，切断了电源。这样在煮稀饭的时候，锅里有水，水温不会超过100℃，可以长期工作；水烧干了，开始焖米饭，升高到103~106℃时，磁测量器会自动切断电源，进入保温状态。但是，如果是个空锅，就不一样了。空锅的温度变化太快，双金属片触点频繁地接通、断开，时间稍长，触点就可能烧坏，电源一直不能断开，很容易烧坏电饭锅，搞不好，还会造成电气火灾。所以，电饭锅长期带电的时候，锅里应有一定量的食物。

（2）定期检查和维护家庭用电线路。重点查看导线接头的接触是否良好。一般导线接头有绞接、接线端子连接以及焊接等

几种。焊接得比较牢靠，时间久了接触电阻就会发热，加剧接头氧化，形成恶性循环。如果提早发现、及时处理，就会安全得多。

（3）预防过电压。一般家用电器的额定电压都是220伏，正常情况下，电网供给的电压应稳定在198~235伏，家用电器可以正常工作。当电压超过允许变化范围，电压过高、过低，电气设备就不能正常工作。

（4）保护好零线。农村低压电网的零线断开，单相电压可能升高较多，造成家用单相电器损坏。当发生这种故障时，电灯会突然不亮，空调或洗衣机的电动机会发出强烈的"嗡嗡"声。如果家中有总电源应立即关掉，没有总电源，要迅速关掉各个电器的电源，以免事故扩大。平时应注意保护线路不受损坏。

7. 电气火灾应急措施

万一发生了电气火灾，要迅速安全切断火灾范围内的电源。如果知道控制电源开关的位置，用拉闸的方法切断电源是最安全的。如果一时找不到电源开关的位置，可以用电工钳或干燥的木柄斧子切断电源（这里指低压电源）。将电源的火线、零线分别在不同位置切断，否则，会引起电源短路，造成更大的灾难。切断电源线时要保证有支持物，防止导线剪断后落在地上，造成接地或触电危险。需要注意的是，在电气用具或插头仍在着火时，千万不要用手去碰电器的开关，要使用不导电的灭火器。如火势迅猛，又一时找不到电源所在，或因其他原因不可能切断电源时，就只能带电使用干粉灭火器灭火，而不能用水或泡沫灭火器灭火。如果是电视机或电脑着火，应该用毛毯、棉被等扑灭火焰，迅速拨打"119"或"110"电话报警。

第二节　饮水安全

一、农村饮用水的污染源

（一）养殖场

养殖场产生的有害气体、粉尘、病原微生物等排入大气后，随大气扩散和传播，当这些物质沉降时，将给水源地造成危害。当大量养殖粪便、污水等进入水体后，使水中的悬浮物、化学需氧量（COD）、生化需氧量（BOD）升高和病原体微生物的无限扩散，不仅导致水质恶化，而且是传播某些疾病的重要途径。未经处理的畜禽粪便、污水过多地进入土壤，导致亚硝酸盐等有害物质带入，造成土壤养分富集，改变土壤的质地结构，破坏土壤基本功能。污染物随地表径流、土壤水和地下水污染饮用水源。

（二）农业种植区

农业种植区污染源主要有农药、化肥的施用，土壤流失等。氮素是我国农田土壤中的主要养分之一，大量施用氮肥在促进粮食增产的同时也增加了对水源地的污染，施入农田的氮肥只有$1/3 \sim 1/2$被植物吸收利用。长期过量施肥在引起土壤养分富集和作物品质下降的同时，也会因降雨径流和农田排水使地表水和地下水源富营养化。

在农田氮素进入地表水和地下水过程中，各种形态的氮素之间，氮素与周围介质之间，产生了一系列的物理化学和生物化学反应，从而产生地表水和地下水氮污染问题。

（三）废弃物

农村废弃物主要包括厨房剩余物、包装废弃物、一次性用品

废弃物、废旧衣服鞋帽等。目前，农村生活垃圾处理设施建设严重滞后甚至没有处理设施，部分群众环保意识相对较差，许多难以回收利用的固体废弃物，如旧衣服、一次性塑料制品、废旧电池、灯管、灯泡等随意倒在田头、水边，许多天然河道、溪流成了天然垃圾桶，成为蚊蝇、老鼠和病原体的滋生场所。垃圾中的一些有毒物质，如重金属、废弃农药瓶内残留农药等，随雨水的冲刷，迁移范围越来越广。

（四）乡镇企业

对水源地污染严重的行业主要有造纸、电镀、印染、采矿等。村镇企业规模小，"三废"排放量少。但村镇企业数量多、分布广，生产条件相对落后，普遍缺乏环保设施，很多"三废"直接排入水体。村镇企业除了水污染问题外，如采矿、挖土制砖瓦行业，还对土地资源等自然资源造成破坏，间接影响村镇饮用水安全。

（五）生活污水

村镇生活污水包括洗涤、沐浴、厨房炊事、粪便及其冲洗等产生的污水，主要含有有机物、氮和磷，以及细菌、病毒、寄生虫卵等。我国村镇生活污水的特点是：间歇排放，量少分散，瞬时变化大。经济越发达，生活污水氮、磷含量越高。

二、各种污染源的污染防治

（一）工业污染防治

禁止在水源地新建、改建、扩建排放污染物的建设项目，已建成排放污染物的建设项目，应依法予以拆除或关闭。饮用水水源受到污染可能威胁供水安全的，应当责令有关企业事业单位采取停止或者减少排放水污染物等措施。

对水源地周边的工业企业进行统筹安排，工业企业发展要与

新农村建设相结合，合理布局，应限制发展高污染工业企业。

（二）农业污染防治

1. 农药污染防治

（1）选用低毒农药。选用低毒农药是通过改良农药的毒性，选用毒性小、环境适应性强的农药，来降低其对水源的污染。农药的化学特性是影响农药渗漏的最重要因子，在生产中应尽量选用被土壤吸附力强、降解快、半衰期短的低毒农药。

（2）应用生物农药。生物农药具有无污染、无残留、高效、低成本的特点，应大力推广应用。与传统的化学农药相比，生物农药具有对人畜安全、环境兼容性好、不易产生抗性、易于保护生物多样性和来源广泛等优点；但多数生物农药作用速度缓慢、受环境因素影响较大，田间使用技术也不够成熟。

（3）生物降解。生物降解是通过生物的作用将大分子有机物分解成小分子化合物的过程，包括动物降解、植物降解、微生物降解等，具有低耗、高效、环境安全等优点，成为防治农药污染最有优势的技术。可针对农药品种、环境条件在受农药污染的水源保护范围内培养专性微生物、种植特定植物、投放特定土壤动物等来降解农药。

2. 化肥污染防治

（1）测土配方施肥。测土配方施肥是以土壤测试和肥料田间试验为基础，根据作物需肥规律、土壤供肥性能和肥料效应，在满足植物生长和农业生产需要的基础上，提出氮、磷、钾及中、微量元素等肥料的施用数量、施肥时期和施用方法。通过测土配方施肥，可以有效减少化肥施用量，提高化肥利用率，减少化肥流失对饮用水源的污染。

（2）施用缓释肥。缓释肥是在化肥颗粒表面包上一层很薄的疏水物质制成包膜化肥，对肥料养分释放速度进行调整，根据

作物需求释放养分，达到元素供肥强度与作物生理需求的动态平衡。目前，缓释肥主要有涂层尿素、覆膜尿素、长效碳铵等类型。缓释肥可以控制养分释放速度，提高肥效，减少肥料施用量和损失量，降低对水源的污染。

（3）发展有机农业。有机农业是遵照一定的有机农业生产标准，在生产中不采用基因工程获得的生物及其产物，不使用化学合成的农药、化肥、生长调节剂、饲料添加剂等物质，遵循自然规律和生态学原理，协调种植业和养殖业的平衡，采用一系列可持续发展的农业技术以维持持续稳定的农业生产体系的一种农业生产方式。在水源保护范围内宜发展有机农业，有效减少农用化学物质对水源的污染风险；建立作物轮作体系，利用秸秆还田、施用绿肥等措施保持土壤养分循环。在农田和水源之间建设生态缓冲带，利用缓冲带植物的吸附和分解作用，拦截农田氮磷等营养物质进入水源，同时，缓冲区有助于阻止附近地区（耕地及养殖场）的径流污染物，对湖滨地区的水土保持、减少湖滨带土壤侵蚀量也有重要作用。一般在河岸带种植多年生的乔木等植物。

（三）畜禽养殖业污染防治

1. 干法清粪

干法清粪工艺的主要方法是：粪便一经产生便分流，干粪由机械或人工收集、清扫、运走，尿及冲洗水则从下水道流出，分别进行处理。干法清粪工艺分为人工清粪和机械清粪两种。人工清粪只需用一些清扫工具、人工清粪车；机械清粪，包括铲式清粪和刮板清粪。

2. 畜禽粪便高温堆肥

畜禽粪便高温堆肥又称"好氧堆肥"，在氧气充足的条件下借助好氧微生物的生命活动降解有机质。通常，好氧堆肥堆体温

度一般在 50~70℃，由于高温堆肥可以最大限度地杀灭病原菌、虫卵及杂草种子，同时，将有机质快速地降解为稳定的腐殖质，转化为有机肥。不同的堆肥技术的主要区别在于维持堆体物料均匀及通气条件所使用的技术差异，主要有条垛式堆肥、强制通风静态垛堆肥、反应器堆肥等。

3. 沼气发酵

沼气发酵又称为厌氧消化、厌氧发酵和甲烷发酵，是指有机物质（如人畜家禽粪便、秸秆、杂草等）在一定的水分、温度和厌氧条件下，通过种类繁多、数量巨大且功能不同的各类微生物的分解代谢，最终形成甲烷和二氧化碳等混合性气体（沼气）的复杂生物化学过程。一般从投料方式、发酵温度、发酵阶段、发酵级差、料液流动方式等角度，选择适合的发酵工艺。

4. 畜禽养殖场径流控制

在养殖场粪便产生区，采取控制其径流通道的方法将该部分携带动物粪便的径流进行控制，防止其进入水体。一般应在规模化和专业化畜禽养殖场径流出口处建造排水沟，将其径流转移到处理池或作其他用途。

（四）生活污水污染防治

水源地内不得修建渗水的厕所、化粪池和渗水坑，现有公共设施应进行污水防渗处理，取水口应尽量远离这些设施。

水源地内生活污水应避免污染水源，根据生活污水排放现状与特点、农村区域经济与社会条件，按照《农村生活污染防治技术政策》及有关要求，尽可能选取依托当地资源优势和已建环境基础设施、操作简便、运行维护费用低、辐射带动范围广的污水处理模式。

（五）固体废物污染防治

饮用水水源地内禁止设立粪便、生活垃圾的收集、转运站，

禁止堆放医疗垃圾，禁止设立有毒、有害化学物品仓库。

饮用水水源地内厕所达到国家卫生厕所标准，与饮用水水源保持必要的安全卫生距离。水源保护区以外的粪便应实现无害化处理，防止污染水源。对无害化卫生厕所的粪便无害化处理效果进行抽样检测，粪大肠菌、蛔虫卵应符合现行国家标准《粪便无害化卫生要求》（GB 7959—2012）的规定。

1. 无害化卫生厕所

无害化卫生厕所，是符合卫生厕所的基本要求，具有粪便无害化处理设施、按规范进行使用管理的厕所。卫生厕所要求有墙、有顶，储粪池不渗漏、密闭有盖，厕所清洁、无蝇蛆、基本无臭，粪便应按规定清出。

2. 一般垃圾回收

厨余、瓜果皮、植物农作物残体等可降解有机类垃圾，可用作牲畜饲料，或进行堆肥处理。倡导水源保护区内农村垃圾就地分类，综合利用，应按照"组保洁、村收集、镇转运、县处置"的模式进行收集。

3. 特殊垃圾处置

医疗废弃物、农药瓶、电池、电瓶等有毒有害或具有腐蚀性物品的垃圾，要严格按照有关规定进行妥善处理处置。

4. 垃圾综合利用

遵循"减量化、资源化、无害化"的原则，鼓励农村生产生活垃圾分类收集，对不同类型的垃圾选择合适的处理处置方式。煤渣、泥土、建筑垃圾等惰性无机类垃圾，可用于修路、筑堤或就地进行填埋处理。废纸、玻璃、塑料、泡沫、农用地膜、废橡胶等可回收类垃圾可进行回收再利用。

第三节 食物安全

食物安全问题包括两方面的内容，一是供应链上的安全问题，二是由食物品质缺陷危及人体健康的问题，后者也称为食品安全问题。

近年来因食物中毒、污染而造成的重大损失和危害常见于报端，引起人们对食物安全的强烈关注。

一、食物安全的社会原因

一般说来引起食物安全问题的社会原因主要有以下几种。

一是农业生产为了追求产量和一时的利益，非法或不适当地施用含有有害物质或激素的化学药剂。

二是由于农业生产管理的无知或失误，过多地施用农药和化肥。

三是工业或生活的有毒排放物造成农业生产环境的污染。

四是食物贮藏和制造过程中，因方法失当而造成的食物变质。

五是农业、饮食产业的经营和管理体制使得许多法规难以实施等。

要在短期内完全解决以上问题亦非易事，因为这里既有技术问题，也有复杂的社会问题。但是为了促进以上问题的解决，必须对食物安全问题有一个科学的认识。因为无论是消费者，还是食物生产的管理者，对食物安全的理解或多或少都有一些盲点或误区。

二、加强食物安全的策略

（一）确保食物生产制造过程安全的技术开发

这方面的技术主要有与食品有关的新技术、新材料、新原料

的安全性研究；生产制造过程新污染源的研究；转基因食品的安全性评价（实施转基因技术对人类的安全、对环境生态的安全和食用安全等）；食物的集约化生产和供应以及全球化贸易带来的食物安全性课题；传统食品生产中安全技术开发；食品工业排放中有害物质的除去技术；确保食品安全性的分析检测技术等。

（二）健全农产品规格标准制度

规格化、标准化是产品质量的保证，尤其对于食品，规格标准更为重要。例如，食品安全卫生标准，对保证消费者的健康，乃至生命都是至关重要的。

安全问题实际上还是质量问题，目前，越来越多的质量问题则是有意"造假"、欺诈产生的。制止"造假"、欺诈，就必须推动农产品和食品规格化、标准化，而其中最重要的手段就是实施食品标签制度。

食品标签是向消费者传递产品信息的载体。做好预包装食品标签管理，既是维护消费者权益、保障行业健康发展的有效手段，也是实现食品安全科学管理的需求。我国目前执行国家标准《食品安全国家标准　预包装食品标签通则》（GB 7718—2011）。

（三）食物管理体系与安全性

要真正解决好食物安全问题，必须建立从生产→收购→加工→流通→消费的统一安全管理体系。大多数国家的食品标准都是由农业农村主管部门制定的。

建立严格科学的食品资格认证制度，尤其要对我国的绿色、有机、地理标志农产品作科学的论证。这三者虽然都强调了其安全保证，但它们的真正可取之处在于从农田到餐桌全过程对食品的安全性检查和认证制度，而这样的制度在安全性保证方面理应覆盖所有食品。

三、食物中毒

食物中毒是指由健康人经口摄入正常数量、可食状态的"有毒食物"（指被致病菌及其毒素、化学毒物污染或含有毒素的动植物食物）后所引起的以急性、亚急性感染或中毒为主要临床特征的疾病。

变质食品、污染水源是主要传染源，不洁的双手、餐具和带菌苍蝇是主要传播途径。

（一）食品加工过程的预防措施

（1）做好食品卫生监督工作，搞好食堂卫生，避免熟食受到各种致病菌的污染。禁止食用病死畜禽肉或其他变质肉类。

（2）冷藏食品应保质、保鲜，动植物食品食前应彻底加热煮透，隔餐剩菜食前也应充分加热。

（3）烹调时，要生熟分开，避免交叉污染。做好食具、炊具的清洗消毒工作。

（4）腌腊制品，食前应煮沸 6~10 分钟。

（5）禁止食用河豚、发芽马铃薯等有毒动植物。不随便吃不认识的鱼和菌菇。

（6）炊事员、保育员有沙门氏菌感染或带菌者，应调离工作岗位，待 3 次大便培养检查阴性后，才可返回原工作岗位。

（7）严禁采摘和食用刚喷洒过农药的瓜、果、蔬菜。

（二）生活中防范食物中毒要点

（1）不买无照经营（非食品厂家）、个体商贩自宰自制的食品。

（2）购买食品时要查验食品的"生产日期""有效期""保质期"等食品安全标志。坚决不买、不用过期、伪劣、假冒（如勾兑假酒等）食品。

（3）不吃变形、变味、变色食品和包装破损或包装异常的食品（如胀罐），因为这些食品可能发生腐败变质。

（4）冰箱保存食品要严格分类分区，不能冷热混放。如生鲜食品（肉、海鲜等）应存放在冷冻室；加工食品不吃要放在冷藏室，并严格遵守保存时间。

（5）粮谷类及油脂要存放在通风、干燥、避光的地方，做好防霉、防虫、防鼠工作。

（6）便后、饭前、加工食品前要洗手。

（7）防止生、熟食品之间交叉加工，要做到加工每一种食品前后都要洗手。案具、刀具不能混用，这对预防寄生虫病（如肝吸虫）很重要。饮用清洁水，不喝冷水。

（8）外出就餐要注意就餐环境卫生、餐具清洁度；不吃装盒超过 2 小时的盒饭。

（9）不吃不熟的青豆角、鲜黄花菜，不吃发芽的马铃薯，不吃野生菌菇、霉变粮谷和蛋壳破裂有异味的鸡蛋。

（三）食物中毒的自我急救

食物中毒一般具有潜伏期短、时间集中、突然暴发、来势凶猛的特点。临床上，表现为以上吐下泻、腹痛为主的急性胃肠炎症状，严重者可因脱水、休克、循环衰竭而危及生命。因此，一旦发生食物中毒，千万不能惊慌失措，应及时采取如下应急措施。

（1）当出现呕吐时，特别是伴随腹泻、肢体麻木、运动障碍等食物中毒的典型症状时，采取如下措施：为防止呕吐物堵塞气道而引起窒息，应侧卧，便于吐出。呕吐时，不要喝水或吃食物，但在呕吐停止后应尽早补充水分，以避免脱水。留取呕吐物和大便样本，送相关部门检查。如果腹痛剧烈，可采取仰睡的姿势，并将双膝并曲，这样有助于使腹肌紧张，缓解腹痛。要将腹部用被子等盖上保暖。

（2）不要轻易地服用止泻药，以免贻误病情，让体内毒素排出之后再向医生咨询。

（3）催吐。进餐后如出现呕吐、腹泻等食物中毒症状时，可用筷子或手指刺激咽部催吐，排出毒物。也可取食盐 20 克，加开水 200 毫升溶化，冷却后一次喝下，如果不吐，可多喝几次。还可将鲜生姜 100 克捣碎取汁，用 200 毫升温水冲服。如果吃下去的是变质的荤食，则可服用十滴水来催吐。如因食物中毒导致昏迷，则不宜进行人为催吐，否则容易引起窒息。

（4）导泻。如果进餐的时间较长，已超过 2~3 小时，而且精神较好，则可服用些泻药，促使中毒食物和毒素尽快排出体外。可用大黄 30 克煎服，也可采用番泻叶 15 克煎服，或用开水冲服，也能达到导泻的目的。

（5）解毒。如果是吃了变质的鱼、虾、蟹等引起的食物中毒，可取食醋 100 毫升，加水 200 毫升，稀释后一次性服下。此外，还可采用紫苏 30 克、生甘草 10 克一次煎服。若是误食了变质的饮料或防腐剂，最好是用鲜牛奶或其他含蛋白质的饮料灌服。

（6）卧床休息，饮食要清淡，先食用容易消化的流质或半流质食物，如牛奶、豆浆、米汤、藕粉、糖水煮鸡蛋、蒸鸡蛋羹、馄饨、米粥、面条等；避免食用有刺激性的食物，如咖啡、浓茶等含有咖啡因的食物以及各种辛辣调味品，如葱、姜、蒜、辣椒、胡椒粉、咖喱、芥末等；多饮盐糖水。吐、泻、腹痛剧烈者暂禁食。

（7）出现抽搐、痉挛症状时，马上将病人移至周围没有危险物品的地方，并取来筷子，用手帕缠好塞入病人口中，以防止咬破舌头。

（8）如症状无缓解的迹象，甚至出现失水明显、四肢寒冷、腹痛腹泻加重、极度衰竭、面色苍白、大汗、意识模糊、说胡话

或抽搐甚至休克等症状，应立即送医院救治，否则会有生命危险。

第四节　现场紧急救护基础知识

一、意外伤害的急救常识

急救主要是指院前急救，即伤者在受伤时，由医务人员或在场目击者对其进行必要的救护，以维持伤者基本生命特征或减轻痛苦的医疗活动和行为。

（一）急救的目的

1. 降低伤残率

发生事故特别是重大意外伤害事故时，往往会发生各类外伤，现场急救时正确地对伤者进行冲洗、包扎、复位、固定、搬运及其他相应处理，可以大大降低伤残率。

2. 减轻痛苦

通过简单的救护，使伤者保持最舒适的坐姿或卧姿，减轻伤者的痛苦；同时善言安慰，安抚伤者情绪，使其以积极的态度等待医务人员的到来。

3. 抢救生命，降低死亡率

面对意外伤害事件，急救者首先要做的是救护伤者的生命，维持伤者的生命体征。因此，通过及时有效的急救措施，恢复伤者的呼吸和心跳，帮其止血，防止休克现象发生，是急救的关键。初步急救完成后，再进行有针对性的急救。

4. 防止伤情继续恶化

急救时可以在现场对伤者进行对症的医疗支持及相应的特殊治疗与处置，防止伤者伤情继续恶化，为下一步的抢救打下

基础。

（二）急救优先次序

遇到意外伤害事件，作为急救者应该明确自己的任务，以免手忙脚乱，耽误宝贵的救援时间。急救的首要任务是确定伤者没有进一步的危险，并且急救者自身不会受到安全威胁。在此基础上，急救者要检查伤者的意识、呼吸、脉搏、瞳孔，以及有无外伤、出血等，同时拨打"120"，请求医疗支援。

当意外发生时，冷静地面对及处理是极为重要的，千万不能慌了手脚而延误救治的黄金时机。因此，在急救的过程中，掌握急救的先后次序至关重要。

1. 保持呼吸道通畅

急救的第一步是使伤者呼吸道通畅，操作方法如下：在伤者肩背部垫枕，保持其头部后仰、下巴上提，使咽喉部、气管在一条水平线上，这样易吹进去气；同时，迅速清除伤者口鼻内的污泥、土块、痰、涕、呕吐物等，使其呼吸道保持通畅，必要时，要解开伤者的领带、衣扣，口对口吸出阻塞的痰或异物。

2. 重建循环功能

（1）严重出血者应先止血。血液循环的重建意味着有足够流量的动脉血灌注组织，也有充分的静脉血回流，保持相对的血流平衡。如果伤者出血严重，这种平衡就会被打破，甚至会导致伤者血流尽而死亡。因此，止血是重要的一环。

（2）伤者心跳停止时，要进行心外按摩。给停跳心脏施压，借外力使其收缩，排出血液。压力解除后，心脏舒张，使血液又重新充盈心脏，从而暂时建立有效的大小循环，为心脏自主节律的恢复创造条件。具体方法如下：使伤者仰卧在硬板上或地面上，双下肢稍抬高；急救者位于伤者一侧，将一手掌根部按在伤者胸骨中下 1/3 交界处略偏左，另一手掌重叠于前一手背上，向

下挤压，以该胸肋部下陷 3~4 厘米为宜；压后迅速抬手，使胸骨复位。以每分钟 60~70 次的节律反复进行。注意压力要均匀，抬手放松要快，下压和放松时间相等或下压稍长于放松时间。压力不能过大，以防止压断肋骨。压迫部位要准确。

3. 预防休克

发生休克时，伤者常出现血压降低、呼吸急促、尿量减少、心跳加速、脉搏加速、面色苍白、皮肤湿冷等症状，严重者可见昏迷。急救时，预防休克的发生十分重要。一旦伤者有休克症状，应立即使其平卧，保证心脑血液供应，然后可用掐人中和伤者双手指尖的方法使其苏醒，并送至医院抢救。

4. 预防再次受伤

最后要确保伤者的安全，避免其再次受伤，具体操作如下：一是使伤者避免继续处于危险环境之中；二是在包扎、转移伤者，尤其是骨伤患者时，应该平稳、轻柔，防止因不正确的搬动导致其伤情加重或二次受伤。

(三) 急救的原则

急救的基本原则是先救命、后治病。遇到意外伤害事故时，急救者应沉着大胆，细心负责，分清轻重缓急，果断实施急救方法。具体原则包括：先处理危重伤者，再处理病情较轻的伤者；先救治生命，再处理局部；先观察现场环境，确保自己及伤者的安全，再充分运用现场可供支配的人力、物力来协助急救。

二、狂犬病

(一) 原因

狂犬病是典型的由动物传染给人的人畜共患传染病。该病主要通过破损的皮肤感染，而且人是该病病毒的终末宿主。因此，不存在人与人之间的传播。在我国，狂犬病的主要传染源是患

犬、患猫等家养动物。人感染狂犬病主要被患犬咬伤、抓伤的，占 80%~90%；次要传染源为患猫或患狼。

（二）临床症状

人感染狂犬病后，典型症状为恐水、怕风、咽喉肌痉挛，对声音、光亮刺激过敏，多汗、流涎，被咬伤处出现麻木感、蚁行感。

（三）急救措施

狂犬病属于急性致死性传染病，一旦发病，致死率极高。人被患犬咬伤后，如果按照正确的方式处理，可以明显降低发病率。紧急处理的原则是不论被什么犬咬伤，均应立即急救。

（1）彻底冲洗，用肥皂水或清水彻底冲洗伤口至少 15 分钟。把含病毒的唾液、血水冲掉。

（2）将伤口挤压出血，边冲水边往伤口外挤，让血流出来，以防病毒被吸收到人体内。

（3）消毒处理方法。彻底冲洗后，用碘含量浓度为 2%~3% 的碘酊或浓度为 75% 的酒精涂擦伤口。冲洗和消毒后，伤口处理应遵循只要未伤及大血管，尽量不要缝合，也不应包扎。

（4）尽早注射抗体或血清，如果是头、颈、手被咬，特别是当面积大且深时，则要连续 5 天肌肉或静脉注射抗体。在伤口周围皮下肌内浸润注射，以中和狂犬病毒。

（5）注射狂犬病疫苗的人被动物咬伤后，应尽快再次注射狂犬病疫苗，越早进行效果越好。分别于第 1、第 3、第 7、第 14、第 28 天肌内注射一剂疫苗。

三、烧伤

（一）原因

烧伤是由热力（火焰、热水、蒸汽及高温金属等）、电流、

放射线及某些化学物质等引起的皮肤甚至深部组织的损伤。

（二）急救措施

现场急救是烧伤后最早的治疗环节，它可以有效地减轻损伤程度，减少伤者痛苦，降低并发症和死亡率，为进一步治疗创造有利条件。

1. 灭火

发现有人被烧伤，应采取各种有效措施灭火，使伤者尽快脱离热源。

（1）如果是火焰上身，应立即脱掉燃烧的衣物，或用冷水浇正在着火的衣服，或就地滚动，或直接滚、跳入池塘、水池、水沟内灭火；切忌奔跑、呼喊、以手扑火，以免助火燃烧而引起头部、呼吸道和手部烧伤。

（2）如果是热液烫伤，应立即脱去浸湿的衣物，如某处衣物粘连太紧时，不要强行撕下，先剪去未粘连部分，暂留粘连部分。

（3）如果是化学烧伤，应脱去浸湿的衣服，迅速用大量清水长时间冲洗，尽可能地去除创面上的化学物质。

（4）如果是电烧伤，应立即切断电源，再接触伤者。在未切断电源以前，急救者切记不要接触伤者，以免自身触电。

2. 冷疗

冷疗适用于中小面积的烧伤，特别是四肢的烧伤。烧伤后采取及时冷疗，能防止热力断续作用于创面使其加深，并可减轻疼痛、减少渗出和水肿。将烧伤创面在水龙头下淋洗或浸入冷水中（水温以伤者能耐受为宜，一般为 $15\sim20℃$，热天可在水中加冰块），或用冷（冰）水浸湿毛巾、纱垫等敷于创面，越早越好。冷疗的时间无明确限制，可控制在冷疗停止后不再有剧痛为止，一般需 $0.5\sim1.0$ 小时。

3. 保护创面

现场急救时，应注意对烧伤创面的保护，防止再次损伤或污染。尽可能保留水疱皮的完整性，不要撕去腐皮，可用干净的床单、衣服或敷料等进行简单包扎。创面不可涂有色药物（红汞、紫药水等），以免影响后续治疗中对烧伤深度的判断。

4. 液体治疗

由于急救现场多不具备输液条件，伤者一般可适当口服烧伤片剂，或含盐的饮料，如加盐的米汤、豆浆等。但不宜喝大量白开水，以免发生水中毒。

5. 送医治疗

原则上，应就近急救，但对于就近医院无条件救治的危重伤者，需及时转送至条件好的医院。转送需要注意以下几个方面：首先要保证输液，减小休克发生的可能性；其次要保持伤者呼吸道通畅；再次应对创面进行简单包扎，以防途中再损伤或污染；最后途中要尽量减少颠簸。

四、中暑

（一）原因

每年高温季节都会导致很多人中暑，中暑严重者甚至会有生命危险。对我国大部分地区而言，每年的 7 月是中暑的高发期。

中暑常发生在高温和高湿环境中，其主要原因是对高温、高湿环境的适应能力不足。在气温大于 32 ℃、湿度大于 60% 的环境中，人们由于长时间工作或强体力劳动，又无充分防暑降温措施时，极易发生中暑。

（二）症状

中暑者一般表现为体温升高、乏力、恶心、呕吐、头晕头

痛、脉搏和呼吸加快、面红不出汗、皮肤干燥，严重者出现高热、意识障碍、抽搐，甚至昏迷、猝死。

（三）急救措施

（1）立即将中暑者移到通风、阴凉、干燥的地方，如走廊、树荫下。

（2）使中暑者仰卧，解开其衣领，脱去或解开外套纽扣。若衣服被汗水湿透，应更换干衣服，同时，打开电扇或空调（应避免直接吹风），以尽快散热。

（3）用湿毛巾冷敷头部、腋下及腹股沟等处，如果条件允许，可用温水擦拭全身，同时，进行皮肤、肌肉按摩，加速血液循环，促进散热。

（4）意识清醒的中暑者或经过降温清醒的中暑者可饮服绿豆汤、淡盐水，或服用人丹、十滴水和藿香正气水（胶囊）等解暑。

（5）一旦出现高烧、昏迷、抽搐等症状，应让中暑者侧卧，头向后仰，保持呼吸道通畅，同时立即拨打"120"急救电话，求助医务人员给予紧急救治。

五、冻伤

（一）原因

冻伤是人体受到低温侵袭而发生的局部或全身损伤。冻伤与气候因素、全身因素和局部因素有关。

气候因素包括气温、风力和湿度；全身因素包括疲劳、饥饿、失眠、营养不良等；局部因素包括鞋袜过紧或潮湿，乘车久站，外出时不注意手、脚、耳等外露部位的保暖等。

（二）急救措施

（1）发现有人大范围冻伤，要尽快使其脱离寒冷环境，进

行全身保暖，给予温热饮食。

（2）迅速恢复冻伤部位的血液循环和温度，可用40~43℃的温水浸泡，绝对不可用雪擦、冷水浸泡或火烤。

（3）局部冻伤，如无伤口，应保持干燥，注意保温防冻；如有伤口，应外敷冻伤药膏，进行抗感染治疗。

（4）全身和重度冻伤者应送至医院进行专业救治，积极进行抗休克治疗，注意加强营养和抗感染治疗。

六、昏厥

（一）原因

昏厥又称晕厥、虚脱、昏晕、昏倒，是大脑一时性缺血、缺氧引起的短暂的意识丧失。昏厥多以女生为主。这是因为有的女生平时运动较少，体质相对较弱，当出现疲劳、情绪低落、食欲差、能量补充不足等诸多不良因素时，容易出现意识丧失而突然晕倒。

（二）临床症状

昏厥的症状有头晕、心慌、恶心呕吐、面色苍白、全身无力、意识丧失等。

（三）急救措施

一旦身边出现昏厥者，应该抓紧时间进行急救。

（1）使昏厥者平卧，头放低，松解衣扣。如果现场环境中无床或不允许躺下，可以让其坐下，把头垂到双膝之间；如果昏厥者不能躺下或坐下，可让其单腿跪下，俯伏上身，如同系鞋带的姿势。这样，其头部就处在比心脏低的位置，有利于尽快恢复意识。

（2）用手掐昏厥者的人中穴。妥善处置好昏厥者的姿势后，急救者可用手指掐昏厥者的人中穴，迫使其尽快清醒。一般昏厥

者在 5 分钟内便能恢复意识，否则，应立即送往医院寻求专业急救。昏厥者醒后至少要仰卧 10 分钟，过早起身可使昏厥复发。昏厥者意识恢复后，可饮少量水或茶。如果是原因不明的昏厥，应尽快送医院诊治。

七、溺水

（一）原因

1. 手足抽筋

手足抽筋主要是由于下水前准备活动不充分、水温偏冷或长时间游泳过于疲劳所致。小腿抽筋时会感到小腿肚子突然发生痉挛性疼痛。

2. 头部损伤

有时因潜入水中发生撞击，造成头部损伤而发生溺水。

3. 疾病发作

有时因心脏病发作或脑卒中引起意识丧失而发生溺水。

（二）急救措施

一旦发生溺水，可采取以下措施进行自救。

（1）不要慌张，身体下沉时，可将手掌向下压。

（2）尽可能让身体漂浮在水面上，将头部浮出水面，用脚踢水，防止体力丧失，等待救援。

（3）如出现腿抽筋，溺水者可设法抓住附近的漂浮物。如无漂浮物，可深吸一口气，潜到水下，努力把脚掰直；然后要将脚努力向外踹出去，尽量让腿蹬直，一直用力，直到抽筋慢慢缓解。如手臂抽筋，马上将手握成拳，反复抓握、用力张开，直到不再抽筋。

（4）如被水草等缠住，不要拼命挣扎、乱踢乱蹬。要看看周围有没有可以抓的东西，尽可能让身体浮出水面。在附近有人

的情况下，尽早求救。如果附近没有人，最有效的办法是深吸一口气，潜入水中，解开缠在腿脚上的水草，然后立即出来。

第五节　火　灾

一、火灾的预防

不乱丢烟头，不将未熄灭的烟头等带有火种的物品扔到垃圾道或垃圾箱内，不躺在床上吸烟。

家中不可存放超过 0.5 升的汽油、酒精、香蕉水等易燃易爆物品。

使用液化气做饭要经常检查燃气阀门，防止泄漏。一旦发现燃气泄漏，要迅速关闭气源阀门，打开门窗通风，切勿触动电器开关和使用明火，并迅速通知专业维修部门来处理。

离家或睡觉前要检查电器具是否断电，燃气阀门是否关闭，明火是否熄灭。

不乱接乱拉电线，电路熔断器切勿用铜、铁丝代替。

利用电器或灶膛取暖，烘烤衣物，要注意安全。

不在禁放区及楼道、阳台、柴草垛旁等地燃放烟花爆竹。

不要在住宅阳台上堆放易燃易爆物品；不要在公共通道、楼梯、安全出口等处堆物、堆料或者搭设棚屋；邻里之间相互提醒、及时清理杂物，保持通道、安全出口的畅通。

应大力破除迷信，不要在家里焚香点烛，将火灾隐患减少到最低程度。

让小孩子接受消防安全知识教育。小孩子对火有着强烈的好奇心理，玩火或无意识的恶作剧往往有意无意地引发火灾。

二、及时准确报警

（一）及时通知周围人员

一旦发生火灾，火灾发现人应通过呼喊、电话等方式及时通知周围人员，尽量使周围人员明确火灾地点、着火源等相关信息，通知人们前来灭火或告知人们紧急疏散。

（二）向消防部门报警

直接拨打"119"火警电话。拨通电话后，应沉着、冷静，要讲明发生火灾的地点、靠近何处，什么东西着火、火势大小，是否有人被围困，有无爆炸危险物品、放射性物质等情况。还要讲清报警人姓名、联系电话，并注意倾听消防部门的询问，给予准确、简洁的回答。

三、扑灭初起之火

火灾的发展分为初起、发展、猛烈、下降和熄灭 5 个阶段。火灾初起阶段，燃烧面积不大，火焰不高，辐射热不强，火势发展比较缓慢。如发现及时，方法得当，用较少的人力和简单的灭火器材就能很快把火扑灭。因此，在报警的同时，要分秒必争，抓紧时间，力争把火灾消灭在初起阶段。

（一）灭火的基本方法

1. 冷却法

指用水扑灭一般物质引起的火灾。通过水来吸收热量，使燃烧物的温度迅速降低，最后终止燃烧。

2. 窒息法

指用二氧化碳、氮气、水蒸气等来降低氧浓度，使燃烧不能持续。

3. 隔离法

指用泡沫灭火剂灭火，通过产生的泡沫覆盖于燃烧体表面，

在冷却作用的同时，把可燃物同火焰、空气隔离开来，达到灭火的目的。

4. 化学抑制法

指用干粉灭火剂灭火，通过其产生的化学作用，破坏燃烧的链式反应，使燃烧终止。

(二) 灭火器的种类

按照充装的灭火剂的不同，可将灭火器分为五类：水型灭火器 (清水)、泡沫灭火器、干粉灭火器、二氧化碳灭火器、卤代烷灭火器 (俗称 "1211" 灭火器、"1301" 灭火器等)。

(三) 干粉灭火器的使用方法

干粉灭火器 (手提式) 是以氮气为动力，将筒体内干粉压出，通过抑制燃烧的连锁反应而灭火。适宜于扑灭固体、液体、气体、电气火灾 (干粉有 5 万伏以上的电绝缘性能)。干粉灭火器不能扑救轻金属燃烧的火灾。

(1) 使用前，先把灭火器摇动数次，使瓶内干粉松散。

(2) 拔下保险销，手握灭火器橡胶喷嘴，对准火焰根部，压下压把喷射。

(3) 在灭火过程中，灭火器应始终保持直立状态，不得横卧或颠倒使用。

(4) 灭火后应仔细观察火是否被彻底扑灭，防止复燃。

四、火灾逃生注意事项

冷静观察，及时逃生。一旦听到火灾警报或意识到自己可能被烟火包围，要保持镇定，观察火情后立即采取有效措施，切不可惊慌失措，盲目跑出房间。

逃生时可把毛巾浸湿 (无水时，干毛巾也可) 叠起来捂住口鼻；身边如没有毛巾，也可用口罩、衣服替代，将其多叠几

层，使滤烟面积增大，捂严口鼻。穿越烟雾区时，即使感到呼吸困难，也不能将毛巾从口鼻处拿开。

楼房着火时，应根据火势情况，优先选用最便捷、最安全的通道和疏散设施，如疏散楼梯、消防通道、室外疏散楼梯等。从浓烟弥漫的建筑物通道向外逃时，可向头部、身上浇些凉水，用湿衣服、湿床单、湿毛毯等将身体裹好，要弯腰行进或匍匐爬行穿过险区。可考虑借助建筑物的窗户、阳台、屋顶、落水管等脱险。

当各通道全部被浓烟烈火封锁时，可利用结实的绳子，或将窗帘、床单、被褥等撕成条，拧成绳，用水沾湿，然后将其拴在牢固的暖气管道、窗框、床架上，被困人员逐个沿绳索滑到地面或下到未着火的楼层而脱离险境。

如果被烟火困在二楼，且无条件采取其他自救方法并得不到救助时，在烟火威胁、万不得已的情况下，可跳楼逃生。但在跳楼之前，应先向地面扔一些棉被、枕头、床垫、大衣等柔软物品，以便"软着陆"。随后可用手扒住窗台，身体下垂，头上脚下，自然下滑，以缩小跳落高度，并使双脚先着落在柔软物上。

如果被烟火围困在三层以上的高层房间内，千万不要冒险跳楼。因为距离地面太高，若往下跳易造成重伤或死亡。只要有一线生机，就不要冒险跳楼。

实在无路可逃时，应积极寻找暂时的避难处所，以保护自己，择机而逃。可利用卫生间进行避难，注意用毛巾紧塞门缝，把水泼在地上降温，千万不要钻到床底避难，因为房间可燃物多，且容易聚集烟气。

可在窗口、阳台或屋顶处，向外大声呼叫、敲击金属物品或投掷软物品，白天应挥动鲜艳布条发出求救信号，晚上可挥动手电筒或白布条，以引起救援人员的注意。

在公共场所的墙面、顶棚、门顶、转弯等处，会安装"安全出口""紧急出口""安全通道""太平门""火警电话"及逃生方向箭头、事故照明灯等消防标志、照明标志，可按照标志指示的方向有秩序地撤离逃生。

逃生时，极易发生拥挤、聚堆甚至倾轧践踏，造成通道堵塞和不必要的人员伤亡。逃生中看见前面的人倒下，应立即扶起，对拥挤的人群应给予疏导或选择其他疏散方向予以分流，以减轻单一疏散通道的压力，保持疏散通道畅通，最大限度地减少人员伤亡。

五、预防森林火灾

森林是以乔木或灌木为主体组成的绿色植物群体，是人类的一种重要的自然资源。森林不仅是重要的木材基地，而且还能够调节气候，保持水土，防风固沙，保障农牧业的发展，防控空气污染，保护和美化人类生存环境。因此，保护森林已成为世界各国共同的目标，然而森林火灾却极为严重。

(一) 森林火灾的种类

1. 人为火灾

森林火灾中大多数是人为火灾。

(1) 生产性火源引起的火灾。例如，农、林、牧业生产用火，林副业生产用火，工矿运输生产用火等引起的火灾。

(2) 非生产性火源引起的火灾，如野外吸烟、做饭、烧纸、取暖等引起的火灾。

(3) 故意纵火引起的火灾。在人为火源引起的火灾中，以开垦烧荒、吸烟等引起的森林火灾最多。

2. 自然火灾

包括雷电火、自燃等引起的火灾。

（二）预防森林火灾的策略

1. 加强组织领导，落实管理责任

森林防火工作是林区资源保护的重要内容，关系着林区的生存和发展，影响着林区周边区域的气候和环境。因此，对于森林防火要加强组织领导，完善林区防火工作责任制，层层签订责任书，明确职责，使得各级各部门从上到下权责分明，各司其职，统筹协调，确保森林防火工作的有序开展。

2. 加大防火宣传力度，增强森林防火意识

在森林防火工作宣传中，首先，应对火源管理进行着重宣传，并结合相应的典型案例进行分析，以加强宣传与事实相结合，提高对森林火灾的危害性认识。因此，在宣传中要着重突出森林火灾的危害性，同时，还应对森林火灾的预防和扑火知识进行宣传。其次，还应建立各种规章制度，包括各级森林火灾防空部门或组织以森林防火为目的的法律法规。最后，通过森林防火的重大意义和先进典型事迹的宣传方式，推动森林防火的意识教育，提高各林区防火工作者和居民的防火热情，把以预防为主的森林防火管理方针落到实处。

3. 严格火源管理

火源管理是森林防火工作的重要环节。

首先，生产生活用火需要严格控制。严格执行"五不烧"制度：即未经乡、镇人民政府批准不烧；未开好防火线不烧；未准备好灭火工具不烧；无专人看守不烧；风大（三级以上风）不烧。

其次，机械火源需要严控。机械火源主要指由撞击和摩擦等机械作用形成的火源。通过安装防火罩严格控制火源，加强机械火灾隐患排查。

再次，对于迷信用火也应引起重视。迷信用火主要指上坟烧

纸等，其危险性很大，因此，应在清明节等节日进行防火活动宣传。在坟区附近进行火源防控，安置防火安全线，要与坟主签订森林防火责任书。

最后，要对自然火源进行预防监控。自然火源主要是由雷击导火。因此，应加强雷暴天气的预测，在重点雷击区域进行监控，建筑防火瞭望塔，对发生的火情进行及时的通报。

4. 加大违章用火的处罚力度

森林防火要严格执行国家制定的法律法规，要依据国家的防控方针对森林防火工作进行依法管理，结合各地基层的村规民约，对违章用火行为要依法从重从严处罚。同时，根据各林区的具体情况，制定相应的森林预防等级及防护措施，依据相应的制度进行定期的防治火排查，做到有法可依，违法必究，执行必严。

5. 有序建设森林防火阻隔网络

森林防火阻隔网络是森林火灾阻隔的主要措施，是阻止火情蔓延的主要方式，森林防火阻隔网络建设能提高森林自身综合防火效能。目前，森林防火阻隔网络主要有生物防火林带、自然阻隔带和工程阻隔带等。林区森林防火阻隔网络要坚持因地布局、突出重点的主张，对大面积的林区边缘和村庄及火灾重灾区进行安置，并且要定期对其检修排查。

6. 加强森林火灾的实时监测

森林火险的实时监测是尽早及时发现森林火情的关键。因此，森林火灾的实时监测通常利用地面巡护、瞭望塔、飞机巡护和卫星监测 4 个空间层次进行监测。地面巡护工作的任务主要是加强森林防火宣传，排查非法入山人员，依法监管和排查火源，发现火情及时汇报，并积极组织森林扑救。瞭望塔主要是对重点区域进行巡护，对火情利用罗盘瞭望远镜进行监测，及时定位森

林火灾位置，并及时通报。地面巡护和望塔巡护要尽可能地利用现代科学技术进行管理，充分利用飞机巡护、GPS定位和卫星监测等手段，加强森林火源的自动监测。同时建立相应的森林防火数据信息库，进行地球地理信息处理系统和森林火险等级的实时自动监测，为森林防火工作提供更为科学和及时的决策。

第六节　燃气安全

一、燃气中毒预防措施

应着重检查燃气管道、阀门及胶管接头处是否有松动漏气现象，如果发现应及时修理或更换。燃气灶具停用时，应检查一下阀门是否关闭。在使用燃气时，厨房内要保持良好的通风。

二、燃气泄漏及应对

迅速关闭燃气总阀。不要使用任何电气开关，不要按门铃、打电话，也不要开灯，否则会产生火花，引起爆炸。立即打开门窗，让燃气散出屋外。离开现场，打电话给燃气公司的紧急服务部，必要时报警。千万不要自己修理任何燃气用具或管道，也不要让别人修理。应请燃气公业技师修理。如在街上闻到燃气味，应立即通知燃气公司或消防队。

三、对中毒者的救治

尽快将患者移至有新鲜空气处，解开其上衣衣扣，使其保持呼吸畅通。实行人工呼吸，最简便的是口对口进行人工呼吸。吸氧，最常用的方法是鼻导管吸氧。立即进行胸部按摩。

第三章 农民禁赌、禁毒、防艾常识

第一节 禁赌博

一、赌博形式

赌博的动机主要有寻求刺激、好奇、逃避现实、侥幸心理（赚钱）。调查发现，我国青少年参与赌博主要有以下3种形式。

1. 结伙赌博

家庭背景类似、爱好相同的青少年凑在一起赌博。

2. 纠合赌博

即临时赌博。

3. 补缺赌博

由于人数不够被叫来补缺，一开始是被动的，多次参加就可能形成赌瘾。

总的来说，由于对赌博缺乏正确认识，在好奇心驱使、娱乐性诱惑、父母和朋友等因素的作用下，青少年极易步入赌博的深渊。

二、赌博成瘾

赌博对人脑产生的刺激类似毒品，刺激的人脑区域完全一样。赌瘾是仅次于毒瘾的心理疾病，很难戒断。一旦在脑中建立

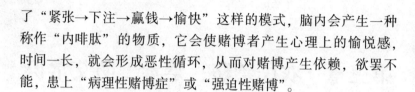

了"紧张→下注→赢钱→愉快"这样的模式，脑内会产生一种称作"内啡肽"的物质，它会使赌博者产生心理上的愉悦感，时间一长，就会形成恶性循环，从而对赌博产生依赖，欲罢不能，患上"病理性赌博症"或"强迫性赌博"。

三、判断是否赌博成瘾

如果一个人在下面的 10 条症状中有至少 5 条症状，而且不是因为有别的心理疾病（如抑郁症）导致这些症状，那就可以说他是赌博成瘾了。

脑子里经常想着赌博。

耐受性。要赌得越来越多或越来越大，以便体验到相同的刺激。

戒断症状。如果停止或减少赌博，会感到焦虑或易发脾气。

逃避。用赌博来缓解情绪或逃避问题。

试图用更多的赌博来赢回输掉的钱。

撒谎。试图对家庭、朋友或治疗师隐瞒赌博的程度。

失控。自己试过戒赌，但戒不掉。

违法行为。做违法行为，以便得到赌资或弥补赌博的损失。

重要关系受损。尽管工作、重要关系（如婚姻）或其他重要的人生机会失去或受到威胁，仍继续赌博。

寻求救济。因赌博输钱而向家人、朋友、其他人或机构寻求经济上的帮助。

以上条目也适用测试其他成瘾症状，只要把"赌博"换成"毒品""网游""手机"等词即可。

四、戒掉赌博

赌博是心瘾，想戒掉需要这样做。

1. 摆正心态

陷入赌博的人都会有一套自己的理论，很难被他人说服。如果意识到了自己的行为是错误的，需要改变，那么首先要让自己明白，人只有脚踏实地工作才能创造幸福的生活，从来没有"一夜暴富"。

2. 充实自己

让自己的生活忙碌起来，去做能够创造价值的事情。只有能够真正的打破自己固有的舒适圈子，走出去，才能看到更广阔的世界。

3. 坚持运动

选择一项感兴趣的运动，并且坚持下去。人体不是只有在赌博时会产生内啡肽，运动的过程中，人体也会产生这种让人兴奋的激素"内啡肽"。这也是克服生理成瘾的重要手段。

第二节　禁　毒

一、什么是毒品

2021年3月施行的《中华人民共和国刑法》第三百五十七条以及《中华人民共和国禁毒法》第二条规定，"毒品是指鸦片、海洛因、甲基苯丙胺（冰毒）、吗啡、大麻、可卡因，以及国家规定管制的其他能够使人形成瘾癖的麻醉药品和精神药品。"

二、毒品的种类

根据2020年12月最新修订的《中华人民共和国刑法》（2021年3月施行）和2007年12月通过的《中华人民共和国禁毒法》（2008年6月施行）以及国际公约对毒品概念的界定，按

药物对人体所产生的作用，可将毒品分为麻醉药品和精神药品两大类。

（一）麻醉药品

麻醉药品是指连续使用后易产生身体依赖性和心理依赖性，能形成瘾癖的药品。例如，阿片类、大麻类和古柯类等毒品。食品药品监管总局、公安部、国家卫生计生委公布了《麻醉药品品种目录》（2013 年版），包括麻醉药品 121 种，其中，包括可能存在的盐和单方制剂（除非另有规定）以及异构体、酯及醚（除非另有规定）。

（二）精神药品

精神药品是指直接作用于中枢神经系统，使之兴奋或抑制，连续使用能产生依赖性的药品。如兴奋剂、抑制剂、致幻剂等毒品。食品药品监管总局、公安部、国家卫生计生委公布了《精神药品品种目录》，包括第一类精神药品 68 种、第二类精神药品 81 种，上述品种包括其可能存在的盐和单方制剂（除非另有规定），也包括其可能存在的化学异构体（除非另有规定）。

此外，在 2015 年公布的《非药用类麻醉药品和精神药品管制品种增补目录》，共增加非药用麻醉药品和精神药品 116 种，该目录于 2015 年 10 月 1 日起施行。2021 年 7 月 1 日，我国正式整类列管合成大麻素类物质、新增氟胺酮等 18 种新精神活性物质，我国管制毒品包括 449 种麻醉药品和精神药品（121 种麻醉药品、154 种精神药品、174 种非药用类麻醉药品和精神药品）、整类芬太尼类物质、整类合成大麻素类物质。2023 年 4 月，国家药监局、公安部、国家卫生健康委发布《关于调整麻醉药品和精神药品目录的公告》，决定将奥赛利定等品种列入麻醉药品和精神药品名录，并于 2023 年 7 月起施行。

三、毒品的危害

全球性的毒品问题是威胁国际和平与安全的重要因素，我国人民对于毒品的危害更是有着血的历史教训。毒品问题在我国重新出现，并呈现出愈演愈烈之势，在我国造成了严重的个人、家庭以及社会危害。

四、毒品的预防与宣传

（一）毒品预防的内容和形式

1. 个人预防

预防吸毒的关键在于自己。只有从我做起，从现在做起，自律自爱，珍惜生命，远离毒品，才能够切实保护自己，不被毒品所毒害。首先，要加强对文化、科学知识和法律知识的学习，提高自己的科学文化素质和道德水平，树立正确的人生观和价值观，摒弃腐朽的生活方式，努力培养高尚的道德情操和远大的理想。其次，要不断培养自己健康的心理素质，提高自我控制、自我调节平衡能力。要培养自己健康向上的兴趣爱好，参加文明高雅的文化娱乐活动，丰富自己的精神生活。最后，养成良好的生活习惯，坚决摒弃吸烟、酗酒等恶习。

2. 家庭预防

家庭成员之间的亲情是社会团体无法比拟的。只要家庭成员具有整体意识，对家人怀有浓浓的亲情，就能及时发现和洞察其成员的吸毒苗头，并给予坚决制止。家长一定要把反毒、防毒教育作为家庭教育的主要内容，增强子女抵制毒品的意识和能力，提高警惕，防止子女误入吸毒的歧途。这样，家庭预防便可成为抵制毒品的一道坚实防线。

3. 社会预防

（1）社区预防。各基层组织和单位要在完成好各自本职工

作的同时，组织专门力量做好本辖区和本单位的禁毒宣传教育工作。要建立岗位责任制，抓好落实。一方面，要做好禁吸、戒毒工作，帮助已染有毒瘾的人员尽快戒断；另一方面，要做好本辖区的预防宣传工作，以减少或杜绝新的吸、贩毒人员的产生。

（2）专门机关预防。在禁毒工作中，公、检、法、武警、边防、海关以及宣传、文教、卫生、民政、共青团、妇联等职能部门，要各司其职，密切配合，从打击出发，从防范着手。

（3）新闻媒体预防。在禁毒宣传教育中，各新闻媒体应充分发挥各自的宣传优势和作用。

（4）涉毒高危人群的毒品预防。高危年龄人群，尤指青少年，对他们的禁毒教育主要放在家庭、学校方面；高危文化程度人群，大都年纪较轻，文化程度不高；高危职业人群，是指城镇下岗人员、个体从业人员及在职工人；高危地区的人群，其面对的毒品危害相当严重。在一些沿海地区、与毒源地国家接壤的地区，以及若干内地省份，毒品问题正朝着泛滥成灾的趋势发展。

（二）防止吸毒

1. 树立良好的心理防线与健康人格

树立正确的人生观、价值观，拒绝烟酒，保持健康向上的生活方式，不进入或少进入歌舞厅、迪厅、酒吧等娱乐场所。筑牢心理防线，不要因为空虚、无聊、寻求刺激、追求时髦等走上吸毒道路，要有积极向上的进取精神，正确对待社会上的一些负面影响，从心里拒绝吸毒等颓废的生活方式。

2. 勇于面对挫折与困难

通过不断学习和经历，需逐步明白在生活中遇到挫折和困难是完全正常的，关键是如何正确对待。在面对挫折与困难时，可与老师、家长、同学沟通交流，去做一些自己喜欢的事情来分散注意力，排解忧愁和烦恼。禁止借毒品消愁，用毒品来麻醉自己，逃避现实，回避挫折和困难。所以，遇到挫折和困难的时候，应该尽可能勇敢地去面对并克服，而不是颓废，甚至因此吸毒。

3. 善于把握好奇心，坚决抵制诱惑

据禁毒人员统计，70%的吸毒者是由于好奇心而沾染毒品的；在初次吸毒的人员中，92%的人第一次吸毒时并不是一个人，而是和两个以上的人在一起的，并且是被邀请的；超过80%的初次吸毒者是完全被"请客"。在别人用毒品来引诱自己时，一定不要产生好奇心，要意志坚定地抵制诱惑，不要心存侥幸，一定要坚决拒绝。

4. 具备高度的警惕性

在缺乏应有的警惕性的情况下，会低估对像海洛因等毒品的危害程度以及戒毒断瘾的艰巨性，以及对新型毒品的百变性，不能认识真面目，就容易上当，成为瘾人。应当树立自我保护意识，慎重交友，都说近朱者赤，近墨者黑，一定要慎重交友，据统计，在几个交往甚密的朋友中，如果其中有一个是吸毒者，那另外几个一般也都是吸毒者。

第三节　预防艾滋病

一、艾滋病的潜伏期

艾滋病是人体感染了人类免疫缺陷病毒（简称 HIV 病毒，又称艾滋病病毒），导致人体免疫系统被破坏的传染病。

艾滋病的潜伏期长短与感染病毒的数量、型别、感染途径、机体免疫状况、营养条件及生活习惯等有关。未发病者成为艾滋病病毒感染者，处于潜伏期的艾滋病病毒感染者，其血液、精液、

阴道分泌物、乳汁、脏器中均含有艾滋病病毒，具有传染性。

二、艾滋病的传播途径

艾滋病的主要传播途径包括母婴传播、血液传播及性传播。脱离人体的艾滋病病毒很脆弱，因此，蚊子、苍蝇、蟑螂等昆虫叮咬不会传播艾滋病病毒。除此之外，日常行为的握手、拥抱、亲吻等礼节性接触，使用公共设施如厕所、游泳池、浴池、公共汽车等也不会传播艾滋病病毒。

在我国，通过对血液制品的严查及对毒品的打击，艾滋病通过血液传播的情况已经很少。性传播因为隐秘性较强，已成为目前主要的传播方式。

艾滋病防治的难点在于其隐蔽性，而且无法治愈。在当前的医疗条件下，患者或感染者必须终身用药。因此，预防艾滋病，宣传教育是最好的手段。

三、预防艾滋病的措施

洁身自爱，避免与艾滋病病毒感染者及高危人群发生性接触。

确保性行为的安全，正确使用安全套。

输血、注射、使用血液制品时，必须进行艾滋病病毒检测，要确保刺破皮肤的用具经过严格消毒，禁止共用注射器和针头。

珍爱生命，远离毒品。

避免母婴传播。

捐献血液、器官等应做艾滋病病毒检测。

凡是接触了艾滋病感染者的血液、生殖道分泌物、共用的注射器和针头等，应尽早进行预防用药，特别是要在高危行为72小时内服用阻断药，越早越好。

第四章　农民交通安全

第一节　交通事故的预防

近几年来，我国农村公路网已日趋稠密，越来越多的农民都购买了轿车和农用车。现如今，纵横交错的乡村道路与国道、省道相互贯通，极大地改善了原有的交通面貌。但是，由于乡村道路一般处于村庄旁边，一些农民的交通安全意识一时还难以跟上，因此，在乡村道路上行车必须时刻小心。

一、防路窄超车

在乡村道路上行车，如果遭遇前方拖拉机在装卸货或作业时，一定要仔细观察道路情况，不可匆忙通过或超车。在路面较窄路段，不要急于超越，待超车条件允许时再实施超越。

二、防对面来车占道行驶

现在农村各地都在大搞旅游开发，而一些在城市道路开惯了的司机，平时养成的驾车习惯和行车经验在农村道路上可能不太适用。在乡村道路上多为附近的农用车、拖拉机、三轮车等，这些驾驶员的安全意识淡漠，因此，在乡村道路上驾车时，要时刻小心躲避占用自己行车道的车辆，尽量靠边行驶。

三、防水沟和坑洞

有些乡村路段由于靠近河边，遭遇汛期，被洪水冲淹而使路面不平、积水。在泥路上行驶时，如果遇到较大的水洼时，应"惹不起、躲得起"，躲避行驶；通过时，应保持直线行驶，尽快通过。

四、防乡村道路的隐蔽路口

在农村乡村道路行车时，由于路边行道树和田野里的庄稼生长茂盛，严重阻碍了驾驶员的远方视线，如果车辆驶近路口时会突然有摩托车或村民驾驶的拖拉机从路口进入公路，躲避不及很容易发生交通事故。因此，在这种路段行车要减速慢行，并鸣喇叭示警。

五、防村镇人多惹祸

在行车途经村庄、集镇街道时，因为农村很多道路不设分道线，各种车辆和行人混在一起，加上农村妇女儿童不懂交通规则，行车时要主动减速礼让，尽量避免超车惹祸。另外，在村、镇、小县城停车，要遵守停车规定，并向附近村民打招呼，以防阻塞交通或受剐碰。

六、防夜间突遇"路障"

乡村公路大多比较偏僻，一到夜里车辆和行人稀少，导致一些驾驶员麻痹大意，特别是因农村公路上的车辆安全性能差和大量车带病行驶，行驶中故障发作是常有的事。这些车主多无设置警示标志的意识，再加上农村汽车修理点少，维修和拖拽不及时，车辆容易抛锚，从而引起交通事故。

七、防路况突变

在一些山区农村，乡村道路由于设计等级低，很多路段都是借用周围地理环境而导致急弯、陡坡连续弯等高危路段大量存在，因此，不要忽视因地形原因导致的急转弯，要谨慎驾驶，避免事故的发生。

八、防行人横过马路

因为地理位置的原因，一些乡村道路往往穿越村庄而过，而农村的道路一般都不宽，一些村民往往图省事直接横穿马路。因此，在经过村庄或村庄边的乡村道路时，一定要注意力集中，做好防范行人突然横穿马路的心理准备。

第二节　交通事故中的自救与急救

一、车祸中的自救与急救

车祸发生时，驾乘员应沉着冷静，保持清醒的头脑，千万不要惊慌失措。

驾驶员要迅速辨明情况，按照"先救人、后顾车；先断电路，后断油路"的原则，把事故损失降到最低程度。

发生翻车事故时，驾驶员应紧紧抓住方向盘，两脚勾住离合器踏板或油门踏板，尽量使身体固定，防止在驾驶室内翻滚、碰撞而致伤。如果驾驶室是敞开式的，翻车时驾驶员应尽量缩小身体往下躲，或者设法跳车。

乘客应迅速趴到座椅上，紧紧抓住前排座位或扶杆、把手等固定物，低下头，利用前排座椅靠背或手臂保护头部。如果遇翻

车或坠车，应迅速蹲下身体，紧紧抓住前排座位的椅脚，身体尽量固定在两排座位之间，随车翻转。车辆在行驶中发生事故时，乘客不要盲目跳车，应在车辆停下后再陆续撤离。

万一人被抛出驾驶室或车厢，应迅速抱住头部，并缩成球状就势翻滚，其目的是减少落地时的反作用力，减轻头部、胸部的损伤，同时，应尽量远离危险区域。

当翻车已不可避免，需要跳车时，应用力蹬双脚，增大向外抛出的力量和距离，不能顺着翻车的方向跳车，以防跳出后被车辆压到。

在撞车事故中，巨大的撞击力常常对人造成重大伤害。为此，搭乘人员应紧握扶手或靠背，同时，双脚稍微弯曲用力向前蹬，使撞击力尽量消耗在自己的手腕和腿弯之间，减缓身体前冲的速度和力量。

在公路上发生车祸时，要注意保护好现场，及时救护伤员，尽快报警，争取得到交警的帮助，防止造成交通堵塞。

在车祸中，如果人的头颅、胸部和腹部受到撞击或挤压，应及时到医院诊治，千万不可掉以轻心，不要执意回家，防止内出血突然加剧而导致死亡。

车辆意外失火时，应破窗脱身打滚灭火。行车途中汽车突然起火，驾驶员应立即熄火，设法组织车内人员迅速离开车体。若因车辆碰撞变形、车门无法打开时，可从前后挡风玻璃或车窗处脱身。

当车辆迎面碰撞时，两脚踏直身体后倾。一旦遇有事故发生，当迎面碰撞的主要方位不在驾驶员一侧时，驾驶员应紧握方向盘，两腿向前蹬直，身体后倾，保持身体平衡。如果迎面碰撞的主要方位在临近驾驶员座位或者撞击力度较大时，驾驶员应迅速躲离方向盘，将两脚抬起，以免受到挤压而受伤。

二、车祸后的自救与急救

由交通事故引发的死亡，往往不是事故本身造成的，而是因为伤员得不到及时的救治或被不当救治而造成的。农民应了解一些抢救伤员的基本常识，这样在关键时刻才可能挽救自己和他人的生命。

当遇到交通事故时，首先是设法打交通事故报警电话"122"或派人报告公安交通管理部门，告知出事的时间、地点、伤亡情况等，并设法通知紧急救护机构，请求派出救护车和救护人员。

抢救伤员时，应先救命，后治伤。

遇伤者被压于车轮或货物下时，应先设法移动车辆，搬掉货物，再采取相应的救护措施。

对于伤员不必急于把他们从车上或车下往外拖，而应该首先检查伤员是否失去知觉，还有没有心跳和呼吸，有无大出血，有无明显的骨折。如果伤员已发生昏迷，可先松开他们的颈、胸、腰部的贴身衣服，把他们的头转向一侧并清除口鼻中的呕吐物、血液、污物等，以免引起窒息。如果心跳和呼吸都停止了，应该马上进行口对口人工呼吸和胸外心脏按压。

发生开放性骨折和严重畸形时，可能由于伤员穿着衣服难以发现，因此，不要急于搬动伤者或扶其站立，以免骨折断端移位，损伤周围血管和神经。如果伤员发生昏迷、瞳孔缩小或散大，甚至对光反应消失或迟钝，则应考虑有颅内损伤情况，必须立即送医院抢救。

对无骨端外露骨折伤员的肢体，用夹板或木棍、树枝等固定时应超过伤口上下关节。关节损伤（扭伤、脱臼、骨折）的伤员，应避免活动。抢救脊柱骨折的伤员时，应用三角巾固定，保持脊柱安定，严禁胡乱搬动，勿扶持伤者走动。伤员大腿、小腿

和脊椎骨折时，一般应就地固定，不要随便移动伤者。骨折伤员固定伤处力求稳妥牢固，要固定骨折的两端和上下两个关节。

遇重、特大事故有众多伤员需送往医院时，处于昏迷状态的伤员，应首先送往医院。搬运昏迷或有窒息危险的伤员时，应采用侧俯卧的方式。救助休克伤员时，应采取保暖措施，防止热损耗。

抢救失血伤员时，应先进行止血。可将头部放低，伤处抬高，并用干净的手帕、毛巾在伤口上直接压迫或把伤口边缘捏在一起止血。在紧急情况下急救伤员时，须先用压迫法止血，然后再根据出血情况改用其他止血法。

伤员较大动脉出血时，可采用指压止血法，用拇指压住伤口的近心端动脉，阻断动脉运动，以达到快速止血的目的。颈总动脉压迫止血法，常用于伤员颈部动脉大出血而采用其他止血方法无效时。

伤员上肢或小腿出血，且没有骨折和关节损伤时，可采用屈肢加垫止血法止血（在腋窝或肘窝加垫屈肢固定）。

包扎止血常用的物品有绷带、三角巾、止血带等。为伤员用绷带包扎打结时，不要在伤口上方，也不要在身体背后，以免睡觉时压住不舒服。在没有绷带急救伤员的情况下，可用毛巾、手帕、床单、长筒尼龙袜子等代替绷带包扎。止血带止血是用弹性的橡皮管、橡皮带，上肢结扎于伤员上臂上 1/3 处，下肢结扎于大腿的中部。用止血带为伤员止血，一定要扎紧，如果扎得不紧，深部动脉仍会有血液流出。

救助有害气体中毒伤员的急救措施是迅速将伤员移到有新鲜空气的地方。

对于一般的伤员，可根据不同的伤情予以早期处理，让他们采取自认为恰当的体位，耐心地等待有关部门前来处理。

第五章　农民网络安全

第一节　个人信息安全的防范措施

一、各种侵权行为

（一）个人为主体的侵权行为

（1）未经个人信息主体同意或授权，擅自在网上公开、宣扬、散布、泄漏、转让他人的或与他人之间的个人信息。

（2）未经个人信息主体同意或授权，窃取、复制、收集他人传递过程中的电子信息。

（3）未经个人信息主体同意或授权，擅自侵入他人的电子邮箱，发送垃圾邮件、邮件炸弹或恶意病毒等。

（4）未经个人信息主体同意或授权，擅自侵入他人的个人信息系统，收集、破坏、窃取他人的个人信息等。如在微博或公共聊天室中公布、散布、张贴他人的个人信息等。

（二）网络服务商为主体的侵权行为

（1）用不合法的手段、不合理的目的，收集、保存用户的个人信息。

（2）以不合理的目的，过度收集、使用个人信息。

（3）未经个人信息主体同意或授权，不合理利用或超目的、超范围滥用个人信息。

（4）未经个人信息主体同意，擅自篡改、披露个人信息，发布错误的个人信息。

（5）未经个人信息主体同意或授权，擅自将所保存的、经合法途径获得的个人信息提供给商业机构或网络搜索引擎，造成个人信息的不合法公开、泄漏或传播。

（三）生产厂商为主体的侵权行为

生产厂商在制造销售的网络基础设施中设计了专门的功能，以收集用户的信息；或存在漏洞，为某些专业人员窃取用户的信息提供了便利，使用户的个人信息资料受到侵害。

还有许多形式的侵权行为，如以商业机构为主体的侵权行为，以网上调查、市场调查为名，跟随、记录用户的网上行为，收集用户的个人信息资料，并转让、出卖，以获取利润，或用于其他商业目的等。

二、保护个人信息安全

（一）网络购物要谨防钓鱼网站

通过网络购买商品时，要仔细验看登录的网址，不要轻易接收和安装不明软件，要慎重填写银行账号和密码，谨防钓鱼网站，防止个人信息泄露造成经济损失。

（二）妥善处置包含个人信息的单据

快递单中有网购者的姓名、电话、住址，车票、机票上印有购票者姓名、身份证号，购物小票上也包含部分姓名、银行卡号、消费记录等信息。随意扔掉，可能会落入不法分子手中，导致个人信息泄露，因此，要妥善保管或将重要信息处理之后再丢弃。

（三）身份证复印件上要写明用途

银行、移动或联通营业厅、各类考试报名、参加网校学习班等很多地方都需要留存身份证复印件，甚至一些打字店、复印店

会利用便利将暂存在复印机硬件的客户信息资料存档留底。因此，身份证复印件上要写明用途。

（四）简历只提供必要信息

目前，越来越多的人通过网上投简历的方式找工作，而简历中的个人信息一应俱全，有些公司在面试的时候会要求填写一份所谓的"个人信息表"，上面还需要填写家庭关系说明、父母名字、个人电话、住址、毕业学校（详细到小学）、证明人（甚至还有学校证明人）甚至身份证号等。因此，一般情况下，简历只提供必要信息，家庭信息、身份证号码等填写不要过于详细。

（五）不在微博、群聊中透露个人信息

通过微博、QQ空间、贴吧、论坛和熟人互动时，有时会不自觉地说出或者标注对方姓名、职务、工作单位等真实信息。这些信息有可能会被不法分子利用，很多网上伪装身份实施的诈骗，都是利用了这些地方泄露的信息。

（六）微信不要加不明身份的好友，慎在微信中晒照片

有些家长在朋友圈晒孩子的照片，还包含孩子姓名、就读学校、所住小区，有些人喜欢晒火车票、登机牌，却忘了将姓名、身份证号、二维码等进行模糊处理，这些都是比较常见的个人信息泄露行为。此外，微信中"附近的人"这个设置，也经常被利用来看到他人的照片。

（七）慎重参加网上调查活动

上网时经常会碰到各种网络"调查问卷"、购物抽奖活动或者申请免费邮寄资料、申请会员卡等活动，一般要求填写详细联系方式和家庭住址等个人信息。

（八）免费Wi-Fi易泄露隐私

在智能手机的网络设置中选择了Wi-Fi自动连接功能，就会自动连接公共场所的Wi-Fi。但是，Wi-Fi安全防护功能比较薄

弱，黑客只需凭借一些简单设备，就可盗取手机上的个人信息。

第二节　网络不良信息、网络舆论

一、防止不良信息的侵害

在网络这个虚拟世界里，一些网站或个人为达到某种目的，往往会不择手段，套取网民的个人资料，甚至是银行账号、密码，达到个人目的，所以，人们应提高防范意识，避免遭遇网络陷阱，防止网络不良信息的传入。

（一）不要轻信不良信息

（1）不要轻易相信互联网上中奖之类的信息，某些不法网站或个人利用一些人贪图小便宜的心理，常常通过 E-mail、QQ 向网民公布中奖信息，然后通过要求中奖人邮寄手续费、提供信用卡号及个人资料等方式，套取个人钱物、资料等。

（2）不要轻易相信互联网上来历不明的测试个人情商、智商、交友运势之类的测试软件，这类软件大多要求提供个人真实的资料，这往往就是一个网络陷阱。

（3）不要轻易将自己的手机号码在网上注册，一些网民在注册成功后，不但要缴纳高额的电话费，而且会受到一些来历不明的电话、信息的骚扰。

（4）不要轻易相信网上公布的快速致富的窍门，"天下没有免费的午餐"，一旦相信这些信息，绝大部分都会赔钱，甚至血本无归。

（二）防控措施

（1）正确使用互联网技术，不要随意攻击各类网站。一是会触犯相关的法律；二是可能会引火上身，被他人反跟踪、恶意

破坏、报复，得不偿失。

（2）不要浏览或传播色情资料或信息，以及利用互联网随意散播谣言、反动言论，攻击和诽谤他人，否则一旦触犯法律，就会身败名裂。

（3）不要存在侥幸心理，自以为技术手段高明。互联网技术博大精深，没有完全掌握全部技术的完人，不在互联网上炫耀自己或利用互联网实施犯罪活动。

二、网络舆论

网络舆论是公众以网络为平台，通过网络语言或其他方式对某些公共事务发表意见的特殊舆论形式。网络舆论有舆论的本质属性。

同时，网络还具有许多传统媒体所没有的新特征。如时间和空间上更具广泛性、形成和反应的快速性、传播的自由性、内容的多元性等。

一是要认识到网络舆论并不一定都是正确的，无论是大型媒体还是路边新闻，都可能发布一些符合其利益倾向的文字。而且现在的某些文章只是为了阅读量，而不代表个人对于事物的认知。所以无论看到什么样的舆论，都需要小心辨别。

二是面对网络舆论，在没有经过思考和辨别之前，不要轻易进行传播，有些舆论隐藏着不为人知的目的，一次转发就可能对别人造成伤害，而且虚假信息的传播还可能触犯法律，以免后悔莫及。

三是在不明确事情真正情况之前不要在网络上轻易表态，不经过思考就对一些人进行无理由的批判，这样不仅害人，也会害己。网络暴力就是由别有用心和不明真相的人造成的。

四是流言止于智者，确定一些舆论的真假不仅需要知识的储

备，还需要对社会学、心理学有一定的认知，农民可以利用课余时间学习多方面的知识。

五是农民关注舆论的方向应该有所选择，对于一些涉及别人隐私的生活问题不要去过分关注，这一舆论的娱乐性质更强，甚至有些是建立在别人的痛苦上的。农民应该多关注政治、经济、文化等方面的舆论，这对于日后的工作、生活会有很大帮助。

六是关于自己的舆论。如果当自己处于舆论的中心，无论是支持自己的人还是反对自己的人，都要认真听取他们的意见，冷静的发言和真诚的表态可以把自己拖出舆论的泥潭，也不要企图玩弄他人。

第三节　农村反网络诈骗

一、农村反网络诈骗工作形势严峻复杂

（一）诈骗套路形式繁多

目前，农村地区主要存在以网络借贷名义收取各种手续费实施诈骗、网络交友诈骗、刷单诈骗、网购退款诈骗、网络中奖等典型诈骗套路，以及非法集资和新型金融产品诈骗。另外，针对农村老年人的线下"高收益"理财、伪 P2P 下乡、民间借贷、消费返利、优惠商品等诈骗方式屡见不鲜，受骗时有发生。

（二）诈骗手段针对性强

当前，线上线下诈骗对民众的穿透力极强，覆盖不同年龄、学历和不同知识、经验结构的各类人群。同时，基于个人信息泄露的精准诈骗逐步成为主流模式，更具指向性和针对性，欺骗性、迷惑性进一步增强。针对中老年人，诈骗分子线上利用其智能手机使用不熟练、功能不了解的弱势，以及手中资金有增值需

求实施诈骗，线下则用其贪图小利和从众心理等实施诈骗。针对青少年，诈骗分子利用其心智不够成熟的特点，通过网络游戏充值、直播打赏等方式欺骗消费，甚至直接购买身份信息用于非法用途。针对外来务工人员，诈骗分子利用农村娱乐休闲生活不足，以及独自在外的孤独感，通过交友、骗取投资等方式进行诈骗。还有一种比较典型的方式是冒充乡镇领导，针对乡镇干部职工、个体商户以及一些村民，以帮助解决问题为由诱骗钱财。

二、创新农村反网络诈骗工作措施刻不容缓

农村反网络诈骗工作是一个复杂的基层社会治理问题，要坚持以人民为中心，统筹发展和安全，坚持系统思维，注重源头治理，推动形成齐抓共管、群防群治、务实管用的工作格局。

（一）"党委牵头+全民参与"构建全社会反诈格局

从统筹发展和安全、维护社会和谐稳定的高度出发，成立由辖区内企事业单位组成的反诈宣传教育工作领导小组，围绕落实防范打击电信网络诈骗和平安乡镇创建活动，明确职责任务，建立工作机制，定期和不定期研判推动反诈工作，统筹开展创建安全学校、安全村、安全企业、安全社区、安全单位活动。提升村委会（居民委员会）效能，压力责任直达社（组），一竿子插到底，一张网全覆盖，增强村民（居民）主人翁精神和共同体意识，激发自我管理、自我教育和自我服务活力。充分发挥辖区各社会组织作用，协同开展教育、管理、治理工作，推动构建"党委领导、政府牵头、公安主导、社会协同、全民参与"的反诈工作体系，打响一场声势浩大的反诈人民战争。

（二）"线上群建+线下阵地"搭建全时空防诈矩阵

拓宽宣传途径，创新宣传形式，充分利用线上线下宣传阵地和载体，特别是镇域互动平台和阵地，多形式、高频次、全覆盖

宣传，让广大群众随处看得到、听得着、可咨询，营造浓厚的全民防诈反诈氛围。在线上，开展反诈宣传进圈群活动。建立村（社区）、企事业单位反诈微信群以及辖区重点单位、家校联系等微信群，安排政府工作人员、村居网格人员、民警辅警等加入，实时互动；大力推进国家反诈中心 App 安装，人人知晓、人人扫码、人人使用。在线下，组织民警辅警、村（社区）干部、社长（组长），针对性开展防诈反诈宣传进机关、进农村、进社区、进家庭、进校园、进企业等活动。同时，利用村组干部会议、群众代表会议、逢集日等载体，逐步打造信息发布、群众动员、交流沟通的固定工作平台和官方信息集散地；利用政府机关、企事业单位公示栏，村（社区）、重要场所宣传栏，以及广场、门店等场所宣传设备，打造全面覆盖的宣传发布阵地。

（三）"全面覆盖+靶向关怀"架设全群体防护体系

整合工作力量，提高工作精细化水平，推动形成预警劝阻和心理干预相结合的工作机制。

一是要在预警劝阻上下功夫。区县级政法机关、公安部门要制定相关机制，强化各乡镇街道、各派出所预警劝阻属地属事责任，在用足用好派出所民警辅警、村（社区）干部、网格员的同时，延伸工作触角，督促辖区企事业单位配备反诈宣传防范和预警劝阻专兼职人员，构建紧密的工作网络。辖区内有园区和重大项目的，要针对企业多、职工多的情况，督促企业配备反诈宣传防范和预警劝阻专兼职人员。

二是要在心理干预上下功夫。针对不同群体分别开展定向工作，按照"3+N"工作模式，政府、公安、村（社区）干部和网格员为固定人员，针对性安排教师、法律顾问、心理咨询人员等力量，针对性开展重点难点人员预警劝阻、受骗人员心理疏导，实现事前事后精准干预，重点人群重点关怀。

（四）"德法相伴+自治强基"建立全方位抵抗能力

健全党组织领导的自治、法治、德治相结合的基层治理体系。

一是坚持法治保障。加强城乡居民反诈法治教育，深入开展送法进村（社区）、进学校、进机关、进企业活动，宣传《中华人民共和国民法典》《中华人民共和国刑法》《中华人民共和国治安管理处罚法》《中华人民共和国网络安全法》《中华人民共和国电信条例》等相关法律法规，因地制宜开展针对性强、形式灵活便捷、人民群众喜闻乐见的反诈法治宣传教育主题活动，让人民群众知晓基本法律常识和法律救济途径，提升全员法治意识和防范能力。

二是坚持德治教化。践行社会主义核心价值观，持续推进社会公德、职业道德、家庭美德、个人品德建设，弘扬真善美、贬斥假恶丑。深入挖掘、积极创新优秀传统乡土文化，把保护传承和开发利用结合起来，赋予中华农耕文明新的时代内涵。完善农村乡贤文化体系，大力宣传正面典型，以榜样的力量引导群众崇德向善、见贤思齐。完善社会、学校、家庭"三位一体"网络，弘扬时代新风，培养良好家风、文明乡风、优良社风，消除急功近利、攀比虚荣心态，凝聚乡村振兴正能量。

三是坚持自治强基。完善村规民约治理机制，持续推进农村移风易俗，推广积分制、道德评议会、红白理事会等做法，加大高价彩礼、人情攀比、厚葬薄养、铺张浪费、封建迷信等不良风气治理，形成共监督、齐遵守的良好局面。

（五）"政府搭台+全面拓展"拓宽全方向致富途径

坚持以人民为中心的发展思想，全面实施乡村振兴战略，把助农增收放到重要位置，引导和帮助农民富起来，从源头上减少受骗风险。要着力增加经营性收入，加大对农民创业扶持力度，

让农民钱袋子鼓起来；着力增加工资性收入，抓好农村劳动力转移和就业服务，让更多农民就近就业；着力增加财产性收入，完善利益联结机制，推进农户以劳动力、土地经营权、空闲房屋、资金等入股，让农民更多分享产业增值收益；着力增加转移性收入，不折不扣落实强农惠民惠农政策。要推动完善农村金融服务机制，改善农村金融理财软硬件环境和服务水平，丰富金融服务与产品，全面满足乡村政府、企业、村民的需求，满足乡村振兴释放的巨量消费和投资需求。要持续推进城乡基本公共服务均等化，推进城乡基本公共服务标准统一、制度并轨，让农民共享更多社会发展成果。要结合"我为群众办实事"实践活动，提升基层治理效能，加强村社区服务能力建设，更好为群众提供从致富增收到合理理财的精准化精细化服务。

第六章 农民生产安全

第一节 农产品安全生产

一、加大宣传力度，进一步增强农产品安全生产意识

要更好地发挥新闻媒体的引导、传播、监督作用，大力宣传普及农产品安全生产的相关法律和生产知识，增强广大生产者、经营者、消费者和管理者的农产品安全生产责任感，形成全社会关心、重视农产品安全生产建设的良好氛围。引导农产品生产者、经营者改变传统的生产经营方式，落实企业的主体责任，严格按标准组织生产、加工、运输和销售。

二、加快优质农产品安全生产基地建设，推进农业标准化生产

根据农产品的生产区域，科学划定"三品"（绿色、有机和地理标志农产品）生产基地，逐步引导农民集中连片生产，壮大生产规模；鼓励支持农产品生产企业进行"三品"认证，以扩大优质农产品在市场上的占有率。同时，抓好产地环境建设，杜绝工业污染，控制减少农业面源污染，为农产品生产创造良好生态环境，从源头上控制农产品安全生产问题。要积极组织制订地方特色农产品标准和生产技术规程，让更多的农产品生产者、加工者有章可循；加强对农民群众的指导和服务，加大农业技术推

广力度，切实将科学施肥、合理用药的知识和技术送到农民手中，为农民提供统一的有针对性的生产技术服务。

三、加强基层农产品质量检验检测体系建设

县级行政区域既是农产品的生产基地，也是农产品的供应集散地，加强县一级农产品的质量检验检测，能够促进生产者更加重视农业的标准化生产，更加直接便捷地落实农产品质量追溯制度。因此，建议国家更加重视县一级农产品质量检验检测体系建设，建立健全专业管理机构和技术队伍，加强行政执法和服务能力建设，要抓好监管队伍建设，解决技术人员紧缺和青黄不接的问题。只有不断培养和引进专业技术人才，补充基层技术人员，才能发挥设备和监管体系的作用。要加强检验检测设施建设，以开展现场快速检测、指导地方农业生产为目的，配备农产品安全检测、农业生产和农业生态环境监测所需的基本设备，以样品前处理、快速检测仪器设备为主。对一些经济发达、农产品生产基地较多的县级行政管理机构，还需考虑农药等有害物质快速检测、定量分析、突发性事件的应急处理、移动检测等实际需要，添置必要的仪器设备。

四、严格实行农产品检验监测的规范化管理

按照国家相关法律法规和条例，对农产品生产质量实行严格的检验监测，实行农产品安全生产监测的常态化管理，重点抓好产地和市场两个环节。一是抓好产地检验监测。定期对农产品生产基地水质、土壤和污染源等环境进行监测；定期对菜篮子产品开展违禁药品残留快速检测，扩大检测范围、频次；定期深入养殖大户和养殖企业对畜禽进行检测；定期对农业企业和农民专业合作社的农产品生产记录进行检查。对发现生产记录中不当使用

农业投入品或检验监测不合格的农产品及时采取限制措施，落实农产品产地准出制。二是抓好市场检验监测。对进入市场的农产品随时进行抽样检查，按国家农产品质量标准对菜篮子产品重点进行药品残留检测，对通过检验检测发现的不合格农产品，采取无害化处理，严格落实市场准入制。

五、强化保障措施，提高监管水平

要加大财政投入力度，在财政预算中安排必要的农产品安全生产工作经费，专门拨付，专项使用。要完善质量检测网络，整合检测资源，优化检测设备，不断扩大检测范围和数量，提高检测水平；要加强相关部门监督执法资源的整合利用，探索建立农产品安全生产长效执法和集中、突击执法相结合的机制，不断加大综合执法、联合执法力度；要强化源头监管，认真实施农业投入品市场准入和备案制度，提高农资经营的准入门槛，完善农资市场准入制度、索证索票和进销台账制度，严厉打击非法制售、经营和使用高毒高残农药及兽药行为，要加快农产品安全生产追溯体系建设，实现生产记录可存储、产品流向可追踪、储运信息可查询，不断提高可追溯能力。实行"假冒伪劣"农资产品一票否决制，确保农产品质量稳定、安全、放心。

第二节 农业机械安全操作

一、作业前准备

农业机械投入作业前，必须进行检查、保养、紧固、调试，使其达到良好的技术状态，并有完备可靠的安全防护装置。

作业前应勘查道路和作业场地，清除障碍，必要时应在障

碍、危险处设置明显标志。

二、启动

启动时，必须将变速器置于空挡位置；动力机组离合器手柄置于分离位置。

手摇启动，要紧握摇把，站立位置和姿势要正确。发动机启动后，应立即取出摇把。

绳索启动，绳索不准缠在手上，身后不准站人，人体应避开起动轮回转面。起动机启动后，空转时间不得超过5分钟，满负荷时间不得超过15分钟。

电动机启动，每次连续工作时间不准超过5秒钟，一次不能启动发动机时，应间隔2~3分钟再启动，启动3次仍不能启动，要查明原因，排除故障后方可再启动。严禁用金属件直接搭火启动。

三、安全驾驶与操作

农用柴油机和拖拉机、自走式农业机械的发动机启动后必须空转预热，达到规定的水温和油温，运转正常后方可起步和逐渐增加负荷。

确认安全并发出信号后方可运行。皮带轮运转时，严禁挂、卸皮带。

起步或者传递动力时，必须缓慢结合离合器，逐渐加大油门。手扶拖拉机起步时，不准在松放离合器手柄的同时分离一侧转向手柄。

拖拉机挂接农具时，驾驶人员必须服从挂接人员的指挥，挂接人员必须等车停稳后方可挂接农具，并应插好保险销。悬挂农具挂接后应检查升降是否灵活。

　　驾驶室内不准超员乘坐，不准放置有碍作业的物品。手扶拖拉机驾驶座位以及脚踏板上严禁乘坐或者站立其他人员。农具上除设有工作座位（或踏板）供额定的操作人员田间作业时乘坐（站）外，其他部位严禁乘坐（站）人员，也不得擅自增设座位或踏板。

　　作业时，驾驶员与操作手之间必须规定联络信号。作业人员作业时应坚守岗位，思想集中，经常观察机组以及作业区内有无异常情况，不得闲谈、打闹或者做其他有碍驾驶、操作的动作。作业区内严禁躺卧、睡觉以及儿童进入玩耍。

　　作业时，禁止从传动皮带以及传动轴上、下方穿越。行驶中，严禁追随、攀扶或跳车。

　　作业时，禁止对机组进行保养、调整、紧固、注油、换件、检修、清理和排除故障等项工作，必须待机组切断动力，停止运转或者动力机与农具分开，悬挂农具落地后方可进行上述工作，工作完毕，必须清点工具和零件。

第三节　农药中毒

一、及时、准确、安全施用农药，避免超量施药

　　及时施药。根据不同病虫草害及为害特点，抓住有利时机及时施药。如防治钻蛀性害虫要在孵化高峰期，大量幼虫还没有蛀入作物前施药；防治真菌病害要在真菌尚未侵入作物组织前施药；防治杂草如选用封闭剂，则应在杂草出苗后的幼苗期施药。如选用触杀剂，则在杂草的苗期施药。错过最佳用药期后不得不增大用药量，会使农药中毒的概率增大。

　　准确施药。针对防治对象选用对路的农药品种。防治时期要

严格按照说明书及注意事项用药，不得随意加大药物剂量和浓度。液体农药应用量杯、量筒进行称量，固体农药使用天平等相应的计量工具，不能凭直觉和经验随意计量。应严格掌握稀释倍数和药液浓度，并喷到作物的关键部位。尽量选用高效低毒、低残留农药，特别是在作物生长后期和收获期严禁使用高毒高残农药，以防止农产品中的农药残留超标和沿食物链向人畜体内富集。如使用5%马拉硫磷药液时由稀释1 500倍降至3 000倍，或乐果兑水由1∶2 000降至1∶5 000，杀虫效果不减，但对施药人员皮肤的污染明显减轻。要按科学方法配药，不得随意加大浓度。配药和维修喷雾器时应戴好聚乙烯薄膜手套。

二、合理复配混用农药，减少施药次数

合理复配混用农药能兼治不同防治对象，扩大防治范围，省工省时，降低成本。混用后能明显减少用药次数，降低农药中毒概率，减少农产品中的药剂残留，促进和增强药效。

三、施药人员的选择

一般要求身体健康并具有一定的用药经验和技术的青壮年。老年、体弱、多病、皮肤病患者、慢性病未愈、皮肤损伤未愈、有农药中毒史者，妇女处于三期（经期、孕期、哺乳期）者均不得施药，不得将儿童带到施药的田间。

四、喷药方式的选择

喷药应沿上风向操作，以避免吸入药雾。根据风向决定分别采取隔行、顺风、前进、退行、侧喷和左右喷、泼浇等不同方式。

五、远离喷药源头，缩短喷药时间

尽量延长污染源与人体的距离。如将喷杆延长到 1~1.2 米长，污染量可减少一半。安装杠杆式安全压杆，手掌可基本不接触农药。

合理安排工时，尽量缩短操作时间，以减少接触毒物的剂量。

六、喷药前逐一检查喷药设备

施药前，首先检查药械是否完好，喷嘴是否畅通，药械有无渗漏。

七、施药人员的自我防护

一是施药人员连续施药期间不得饮酒。二是喷药时必须戴上防毒口罩、穿防护服或长袖上衣、长裤、长袜及鞋，作业时禁止吸烟、喝水、吃东西，不能用手擦嘴、脸、眼睛。严禁互相喷射嬉闹。喷药作业结束后要洗澡或用肥皂水洗净脸、手并漱口后才能喝水、吃食物。被农药污染的衣物要及时换洗。三是每次喷药时间不超过 6 小时，喷雾机要两人轮换操作，连喷 3~5 天后应停喷 1~3 天以休整身体。四是喷药人员有头疼、头晕、恶心、呕吐等症状时，应立刻离开现场，脱去污染衣物，洗净手脸及皮肤，及时送医院治疗。

八、喷过高毒农药的地点要做标记

喷洒过高毒农药的地方，特别是菜田和果园要做醒目的标志，禁止放牧、割草、挖野菜，更要警惕不得采食，以防人畜中毒。

第四节 田间作业安全

一、稻田劳动安全知识

稻田劳动要注意防治稻田皮炎、蚂蟥、夏季中暑、早春冻伤、赤脚扎伤和滑倒。

（一）预防扎伤和滑倒

北方稻田多由旱地改建，有的稻田还混杂小石子，甚至还有炉渣和玻璃碴，这样的稻田不能赤脚劳动，一定要穿靴子下田。

手脚如被扎伤，应及时涂药包扎，防止被泥水浸泡化脓。

在田埂上行走要低头看路，岔开脚趾，抠住泥土，以防滑倒。

（二）防治皮炎

夏季下水田劳动 1~3 天后，与泥土和水接触的手、脚、前臂及小腿，尤其是手指间和脚趾缝的皮肤开始瘙痒并有灼热感，皮肤起皱肿胀，经机械摩擦可脱皮、糜烂流水，部分患者还会感染化脓。

预防稻田皮炎的措施如下。

（1）干湿轮换作业，避免在水中长时间连续作业。

（2）下水田前 12 小时，每亩稻田撒施茶枯粉 10 千克，或在脚上局部涂抹一层松香凡士林油膏。劳动结束后尽快清洗手脚部污泥，扑撒干粉。

（3）发生皮炎时，可用 0.2%的花椒水泡洗患处，服用氯苯那敏、斯特林等抗组胺类药物，继发感染者应用青霉素等抗生素。

（三）防治蚂蟥

蚂蟥又称水蛭，头部有一吸盘，常吸附在人体皮肤和黏膜上

吸血并分泌水蛭素和组织胺样物质，有抗凝血作用，使伤口麻醉、血管扩张、流血不止，并使皮肤出现水肿性丘疹和疼痛。处置措施如下。

（1）发现蚂蟥叮咬不要强拉，以免拉断后吸盘留在创口加重伤情。可在蚂蟥叮咬部位的上方轻轻拍打震动被咬部位附近，使其松开吸盘而掉落。也可用食醋、酒精、烟油或饱和盐水沾撒虫体，使其自行脱落。

（2）虫体脱落后若伤口血流不止，可用干纱布压迫止血 1～2 分钟。血止后，再用 5% 小苏打溶液或盐水洗净伤口，涂抹碘酒，以无菌纱布包扎。如伤口再出血，可敷一些云南白药粉。必要时肌内注射破伤风抗毒素。

二、预防野外落井事故

预防野外落井事故，要注意以下几点。

一是在野外行走要选择有人走过的小路，不要轻易在荒野里行走。需要走进荒野时，要仔细观察地形，最好结伴同行，不要单独行动。要教育儿童不要到地形不熟悉的荒野玩耍。

二是各地农村应对所在区域的废旧井全面调查，确无利用价值的要及早填埋，一时来不及填埋的要在旁边竖立醒目标志，警示过路行人。

三是对不慎落井者，同伴应立即采取营救措施。不太深的井可利用腰带或树枝帮助落井者攀爬出井，深的井要尽快报告村里迅速组织救援。营救者要用绳索拴牢自己，再下井救援。如井下情况复杂有坍塌危险，要先清除可能坍塌的土方再放人下去。如发生落井的废旧机井口很小，要紧急报告消防等专业部门。

四是没有同伴的单独落井者，要冷静观察井下情况。井下有水的，要设法抓住井壁的杂草或砖石等突出物以避免溺水。如无

法攀登井壁，要保持体力，注意倾听，在有行人经过时再发出呼救声。落入旧机井的，如井下有钢管可敲击发出响声报警。

第五节　建筑施工安全

建筑行业是当今社会发展中一种较为危险的行业，其劳动强度高、危险性大、工作不稳定、工作环境差，薪水却不高。但建筑行业却是城乡社会发展中不可缺少、重要的行业，也是安全事故频发的行业之一。

一、影响建筑施工安全的因素

（一）施工环境因素

由于建筑工程的特点即施工环境具有露天、高空、工种交叉、受场地局限等不利因素，并且建筑工程一般是比较庞大的工程，而且又在空旷场地上作业，再加上场地狭小立体交叉。因此，对于施工环境往往管理不到位，安全教育不够全面，导致建筑施工现场条件恶劣，容易诱发安全生产事故。

（二）施工现场监理因素

有些安全监督人员只着重于外在的一些安全表象，部分监理单位没有严格按照《建设工程安全生产管理条例》的规定，认真履行安全监理职责，还停留在过去"三控二管一协调"的老的工作内容和要求上，只重视质量，不重视安全，对有关安全生产的法律法规、技术规范和标准还不清楚、不熟悉、不掌握，不能有效地开展安全监理工作，法律法规规定的监理职责和安全监管作用得不到发挥，形同虚设。

（三）施工人员因素

施工企业安全管理人员数量少，综合素质低，远远达不到工

程管理的需要，使得安全管理工作薄弱。而且建筑工地从业人员整体素质不高，大部分一线人员特别是农民缺乏基本安全知识、安全意识不强，自我保护能力差，甚至一部分项目经理和现场管理人员对法律、法规、标准、规范也缺乏了解，其安全防范意识和操作技能低下，而职业技能的培训又远远不够，自我保护意识差。

（四）施工技术因素

施工过程中的技术操作管理是安全管理的关键，但从目前的情况看，监理单位和监理人员对施工技术操作管理不到位，现场存在大量事故隐患。如农民在绑脚手架和支外墙模板加固时，不系安全带，加上临边防护不严，时有坠落死亡事故的发生。高空拆架拆模，架杆、模板往地上扔，扔不下就用脚踹，若脚蹬空很容易坠落。为抢工程进度，进行大规模施工，强令农民连续作业，造成农民疲劳过度，操作时注意力不集中，头昏眼花不慎坠楼而亡。

二、加强建筑施工安全管理的对策

（一）规范建筑市场

应从招投标、资质审批、施工许可等多个环节加以把关。通过整顿规范建筑市场，将市场行为严重不规范和不符合质量安全生产基本条件的企业彻底清出建筑市场，形成一个公平、有序、规范的市场环境。企业要进一步建立健全以安全生产责任制为核心的各项安全管理制度，加强基础工作，形成自我约束、不断完善的安全生产工作机制，使安全工作做到有法可依，违法必究。在完善制度、健全安全生产监管体系的同时，还要加快建立安全生产法律、信息、技术装备、宣传教育、培训和应急救援六大体系，以形成对安全生产综合监管工作的有力支撑和有效保障。

（二）施工安全技术方法

在建筑施工过程中，严格做好施工技术安全管理是十分重要的。施工技术安全管理方法主要包括：规范施工设计技术，按照施工规范组织施工设计，以便在施工时合理实施施工安全技术管理；严格做好施工技术交底工作，在施工现场设置明显的安全警告等相关标志；对所有建筑施工所用的器械工具等进行安全检查，检测施工人员使用器械的技术能力是否符合标准，操作是否规范，以达到安全技术使用标准的要求；在建筑施工过程中要建立健全安全技术教育培训体制，设立专门的安全教育机构，加强施工人员的安全技术培训，规范施工人员按照技术标准施工。

（三）加速安全专业人才的培养

要不断加大设备更新、安全设施维护、劳动者个人防护资金的投入，为生产中的关键安全设施配备足够的安全保障系统，争取从根本上改变安全工作的被动局面。在进行新建、改扩建工程中要认真坚持"三同时""五同时"原则，确保安全生产资金的投入。要大力培养安全人才，壮大安全技术队伍和丰富人才贮备，并提高其工作待遇。

（四）严格执行生产安全事故责任追究制度

发生事故后要严格按有关规定进行事故上报和调查、分析，事故的处理坚持按照"四不放过"的原则落实防范措施和进行群众教育，从根源上起到举一反三、警钟长鸣的作用与效果。对违章、违反操作规程的人员要进一步加大处罚力度，尤其是对屡次违章、违反操作规程的单位和个人要从重处罚，追究相关领导的责任。

（五）加强安全生产宣传教育

采取多种形式，按照多培训、多学习、多实践的"三多"安全学习法，广泛深入地开展安全生产宣传教育，特别要加强对

"两法、两条例"（《中华人民共和国安全生产法》《中华人民共和国建筑法》《建筑工程安全生产管理条例》《安全生产许可证条例》）的学习、宣传和贯彻，强化对部颁标准等有关安全生产标准、规范、细则的学习、贯彻、执行，切实做好安全生产活动的安排、部署。

三、建筑高处作业安全要求

（一）基本安全要求

（1）高处作业是指凡在坠落高度基准面 2 米以上（含 2 米）有可能坠落的高处进行的作业。

（2）施工前，应逐级进行安全技术教育及交底，落实所有安全技术措施和人身防护用品，未经落实不得进行施工。

（3）高处作业中的安全标志、工具、仪表、电气设施和各种设备，必须在施工前加以检查，确认其完好，方能投入使用。

（4）攀登和悬空高处作业人员及搭设高处作业安全设施的人员必须经过专业技术培训及专业考试合格，持证上岗，并必须定期进行体格检查。

（5）施工中对高处作业的安全技术设施，发现有缺陷和隐患时，必须及时解决；危及人身安全时，必须停止作业。

（6）施工作业场所所有坠落可能的物件，应一律先行撤除或加以固定。高处作业中所用的物料，均应堆放平稳，不得妨碍通道和装卸。工具应随手放入工具袋；作业中的走道、通道板和登高用具，应随时清扫干净；抓卸下的物件及余料和废料均应及时清理运走，不得任意乱放或向下丢弃。传递物件禁止抛掷。

（7）雨天和雪天进行高处作业时，必须采取可靠的防滑、防寒和防冻措施。凡水、冰、霜、雪均应及时清除。对进行高处作业的高耸建筑物，应事先设置避雷设施。遇有六级以上强风、

浓雾等恶劣气候，不得进行露天攀登与悬空高处作业。暴风雪及台风暴雨后，应对高处作业安全设施逐一加以检查，发现有松动、变形、损坏或脱落等现象，应立即修理完善。

（8）因作业必需，临时拆除或变动安全防护设施时，须经施工负责人同意，并采取相应的可靠措施，作业后应立即恢复。

（9）防护棚搭设及拆除时，应设警戒区，并应派人监护。严禁上下同时拆除。

（10）高处作业安全设施的主要受力杆件，力学计算按一般结构力学公式，强度及挠度计算按现行有关规范进行，但钢受弯构件的强度不考虑塑性影响，构造上应符合现行的相应规范的要求。

（二）攀登作业安全要求

（1）攀登作业是借助登高用具或登高设施，在攀登条件下进行的高处作业。

（2）在施工组织设计中应确定于现场施工的登高和攀登设施，现场登高应借助建筑结构或脚手架上的登高设施，也可采用载人的垂直运输设备，进行攀登作业时可使用梯子或采用其他攀登设施。

（3）柱、梁和车梁等构件吊装所需的直爬梯子及其他登高用拉攀件，应在构件施工图或说明内作出规定。

（4）攀登的用具，结构构造上必须牢固可靠。供人上下的踏板其使用荷载不应大于 1 100 牛。当梯面上有特殊作业，重量超过上述荷载时，应按实际情况加以验算。

（5）移动式梯子，均应按现行的国家标准验收其质量。

（6）梯脚底部应坚实，不得垫高使用。梯子的上端应有固定措施。立梯工作角度应以 75°±5° 为宜，踏板上下间距以 30 厘米为宜，不得有缺档。

（7）梯子如需接长使用，必须有可靠的连接措施，且接头

不得超过 1 处。连接后梯梁的强度，不应低于单梯梁的强度。

（8）折梯使用时上部夹角以 35°~45° 为宜，铰链必须牢固，并应有可靠的拉撑措施。

（9）固定式直爬梯应用金属材料制成。梯宽不应大于 500 毫米，支撑应用不小于 L70×6 的角钢，埋设与焊接均必须牢固。梯子顶端的踏棍应与攀登的顶面齐平，并加设 1~1.5 米高的扶手。

使用直爬梯进行攀登作业时，攀登高度以 5 米为宜。超过 2 米时，宜加设护笼，超过 8 米时，必须设置梯间平台。

（10）作业人员应从规定的通道上下，不得在阳台之间等非规定通道进行攀登，也不得任意利用吊车臂架等施工设备进行攀登。上下梯子时，必须面向梯子，且不得手持器物。

（三）悬空作业安全要求

（1）悬空作业是指在周边临空状态下进行的高处作业。

（2）悬空作业处应有牢靠的立足处，并必须视具体情况，配置防护栏网、栏杆或其他安全设施。

（3）悬空作业所用的索具、脚手板、吊篮、吊笼、平台等设备，均需经过技术鉴定或验证方可使用。

（4）模板支撑和拆卸时的悬空作业，必须遵守下列规定。

①支撑应按规定的作业程序进行，模板未固定前不得进行下一道工序。严禁在连接件和支撑件上攀登上下，并严禁在上下同一垂直上装、拆模板。结构复杂的模板，装、拆应严格按照施工组织设计的步骤进行。

②支设高度在 3 米以上的柱模板，四周应设斜撑，并应设立操作平台，低于 3 米的可使用马凳操作。

③支设悬吊形式的模板时，应有稳固的立足点。支设临空构筑物模板时，应搭设支架或脚手架。模板上有预留洞口时，应在

安装后将洞盖上。混凝土板上拆模后形成的临边或洞口，应按规定进行防护。

拆模高处作业，应配置登高用具或搭设支架。

（5）钢筋绑扎时的悬空作业，必须遵守下列规定。

①绑扎钢筋和安装钢筋骨架时，必须搭设脚手架和马道。

②绑扎圈梁、挑梁、挑檐、外墙和边柱等钢筋时，应搭设操作台架和张挂安全网。

悬空大梁钢筋的绑扎，必须在满铺脚手架的支架和操作平台上操作。

③绑扎立柱和墙体钢筋时，不得站在钢筋骨架上或攀登架上下。3 米以内的柱钢筋，可在地面或楼面上绑扎，整体竖立。绑扎 3 米以上的柱钢筋，必须搭设操作平台。

（6）混凝土浇筑时的悬空作业，必须遵守下列规定。

①浇筑离地 20 米以上框架、过梁、雨篷和小平台时，应设操作平台，不得直接站在模板或支撑件上操作。

②浇筑拱形结构，应自两边拱脚对称地相向进行。浇筑储仓，下口应先行封闭并搭设脚手架以防人员坠落。

③特殊情况下如无可靠的安全设施，必须系好安全带并扣好保险钩，或架设安全网。

四、建筑起重垂直运输工安全操作要求

（一）塔机的安全操作要求

塔式起重机在建筑施工中，使用的频率和范围越来越广，实际起吊运行过程中，起重量的变化相当大，安全的危险性加大。

1. 塔机使用中的基本安全要求

（1）操作人员要求。

①塔式起重机的司机、拆装、司索、指挥人员。必须经过建

设行政主管部门专业培训，考核合格，取得操作证后，方可上岗操作，并正确使用旗语和对讲机。严禁司机、拆装、司索、指挥人员酒后作业。

②起重司机患有色盲、矫正视力低于1.0、听觉障碍、心脏病、贫血、美尼尔氏综合征、眩晕、突发性昏厥、断指等妨碍起重作业的疾病者，不得上岗操作。

③指挥人员。

A. 指挥人员必须经过专门培训，经主管部门培训考核合格持证，了解一般塔机性能和一般起重知识，指挥信号必须符合《起重机 手势信号》（GB/T 5082—2019）的规定。

B. 指挥人员必须了解所指挥作业的塔式起重机性能和每项作业的内容要求，作业时检查所用的钢丝绳和吊钩，不合格的严禁使用。

C. 指挥人员要监督本职所辖范围的作业人员戴安全帽、安全带，有不符安全规定时，指挥人员不得指挥作业。

D. 指挥人员在作业中必须位于司机听力或视力所及的明显处，不允许进入司机的盲区和隔音区指挥，所采用的信号必须清晰可辨，随时都可传出指挥信号。

④在作业中有两个或两个以上指挥人员，只有一个发出信号时，方可操作，凡是有两个或两个以上指挥人员同时发出信号时，不得操作。在作业的全过程中，必须有指挥人员指挥才能操作，严禁无指挥人员指挥、不服从指挥信号，擅自操作。

（2）准备工作。

①检查基础、轨道，排除轨道上的障碍，松开夹轨器。

②接通电源前，各控制器应处于零位。

③空载运转，检查行走、回转、起升、变幅等各机构及制动器、安全限位、防护装置等，确认正常后，方可作业。

④附着装置的检查，对有附着装置的塔机应检查附着杆的连接有无松动，与建筑连接处的建筑物有无裂纹和损坏。

（3）作业中注意事项。

①开始作业时，应先发出音响信号，吊物禁止从人的头上越过。吊臂下方严禁站人。

②起吊作业中司机和指挥人员必须遵守"十不吊"的规定。

③起吊重物时，重物和吊具的总重量不得超过起重机相应幅度下规定的起重量，严禁超载。当起吊满载或接近满载时，严禁同时做两个动作及左右回转范围不应超过 90°。

对起吊重物的要求如下。

A. 严禁用吊钩直接吊挂重物，吊钩必须使用吊、索具吊挂重物；索具合理，吊点牢靠，防止吊运过程中滑移歪斜。

B. 起吊短碎物料时，必须用强度足够的网、袋包装，不得直接捆扎起吊。

C. 起吊细长物料时，物料最少捆扎两处，并且用两个吊点吊运，在整个吊运过程中应使物料处于水平状态。

D. 起吊的重物在整个吊运过程中，不得摆动、旋转，不得悬挂吊不稳的重物，吊运体积大的重物时，应拉溜绳。

E. 不得在起吊的重物上悬挂任何重物。

应根据起吊重物和现场情况，选择适当的工作速度，操纵各控制器从停止点（零点）开始，依次逐级增加速度，严禁越挡操作。在变换运转方向时，应将控制器手柄扳到零位，待电动机停转后再转向另一方向，不得直接变换运转方向、变速或制动。

④有快、慢挡的塔机，司机必须弄清起升速度与重量的关系，正确操作，慢就位。各低速挡仅为动作初始和就位时使用，使用时间不可过长，以免烧毁电机。

⑤在吊钩提升、起重小车或行走大车运行到限位装置前，均

应减速缓行到停止位置，并应与限位装置保持一定距离（吊钩不得小于 1 米，行走轮不得小于 2 米）。

⑥装有机械式力矩限制器的塔机，在每次变幅后，必须根据工作幅度和该工况的允许荷载，对超负荷限位装置的吨位指示盘进行调整。

⑦起重机运行时，不得利用限位开关停车；对无反接制动性能的起重机，除特殊紧急情况外，不得打反车制动。

⑧不得在有载荷情况下调整起升、变幅机构的制动器。

⑨起重机工作时，不得进行检查维修。

⑩在没有障碍物的线路上运行时，吊物（吊具）底面应离地面 2 米以上；有障碍物需要穿越时，吊物（吊具）底面应高出障碍物顶面 0.5 米以上。

⑪所吊重物接近或达到额定起重量时，吊运前应检查制动器，并用小高度（200～300 毫米）、短行程试吊车，再平稳地吊运。

⑫吊运液态金属、有害液体、易燃、易爆物品时，必须先进行小高度、短行程试吊。

⑬起重机工作时，臂架、吊具、辅具、钢丝绳、缆风绳及重物等，与输电线的最小距离不应小于安全距离的规定。

⑭重物起落速度要均匀，非特殊情况不得紧急制动和急速下降，以防吊运过程中发生散落、松绑、偏斜等情况。起吊时必须先将重物吊离地面 50 厘米左右停止，确保制动、物料捆扎、吊点和吊具无问题后，方可继续作业。

⑮重物不得在空中悬停时间过长。

⑯提升重物时应慢起步，不准猛起猛落，防止冲击荷载。重物下降时，严禁自由下降。在重物就位时，可采用慢就位机构或利用制动器使之缓慢下降。

⑰对于无中央集电环及起升机构不安装在回转部分的起重机，在作业时，不得顺一个方向连续回转。

⑱动臂式塔机禁止悬挂重物调臂。动臂式塔机的起升、回转、行走3种动作，可以同时进行，但变幅只能单独进行。

⑲小车变幅式塔机起升、回转、小车3种动作可以同时进行，大车行走只能单独进行，行走时大臂平行轨道，小车位于大臂根部。

⑳必须使起升钢丝绳与地面保持垂直，严禁斜吊。吊运较大体积的重物应拉溜绳，防止摆动。

㉑两台或两台以上塔吊作业时，应有防碰撞措施。两台起重机之间的最小距离：处于低位起重机的臂架端部与另一台塔身之间不小于2米；处于高位起重机的部件与低位起重机最高位置部件之间的垂直距离不小于2米；吊钩挂重物之间的安全距离不得小于5米。两机同吊时，必须制定必要的安全措施和详细的指挥方案，每机所承担的载荷不得超过本身80%的额定能力。

㉒在塔机运转过程中，司机必须注意倾听各工作机构有无异响，如有异响必须待排除后，方可使用。

㉓作业中，当停电或电压下降时，应立即将控制器扳到零位，并切断电源。如吊钩上挂有重物，应稍松稍紧反复使用制动器，使重物缓慢地下降到安全地带。

㉔起重机作业中，任何人不准上下塔机。

㉕作业中，操作人员临时离开操纵室时，必须切断电源，锁紧夹轨器。

㉖工作时禁止饮食、吸烟、打闹或通过对讲机与他人闲谈，不得做有碍安全操作的事，在工作时间不得擅离岗位。

操作室禁止非作业人员进入。

㉗塔式起重机司机必须经由扶梯上下，爬扶梯时不得携带笨

重物品，手上不得拿东西。塔式起重机司机不得从塔机上向下抛撒任何物品。

㉘认真进行机械检查，提前发现隐患，做好"十"字作业，保持机械完好。

㉙双班或多班作业，必须做好交接班及记录。对于设备存在的问题，双方必须交代清楚，并共同进行处理，排除设备安全隐患后方可进行作业。

㉚作业中遇有下列情况应停止作业。

A. 大雨、大雪、大雾，作业中如遇 6 级及以上大风或阵风，应立即停止作业，锁紧夹轨器，将回转机构的限制器完全松开，起重臂应能随风转动。对轻型俯仰变幅起重机，应将起重臂落下并与塔身结构锁紧在一起。

B. 塔式起重机出现漏电现象。

C. 钢丝绳磨损严重、扭曲、断股、打结或出槽；变形；钢丝绳在卷筒上缠绕不整齐，出现爬绳、乱绳、啃绳；多层缠绕时，各层间的绳索相互塞挤。

（4）作业后注意事项。

①作业完毕后，起重机应停放在轨道中间位置，起重臂应转到顺风方向，并松开回转制动器，使回转部分随风的变化自由回转。如因工作幅度内有障碍物，不能使大臂随风自由回转时，应对大臂进行锚固，锚固点尽量位于大臂端部。

②动臂式塔机将起重臂放到最大幅度位置，小车变幅塔机按说明书规定将小车及平衡重移到非工作状态位置，吊钩宜升到离起重臂顶端 2~3 米处。

③停机时，应将每个控制器拨回零位，依次断开各开关，关闭操作室门窗，下机后，应锁紧夹轨器，使起重机与轨道固定，断开电源总开关，打开高空指示灯。

④锁紧夹轨器，使起重机与轨道固定。

⑤在寒冷季节，对停用起重机的电动机、电器柜、变阻器箱、制动器等，应严密遮盖。

⑥在各种场合的修理中，未经生产厂家的同意，不得采取任何代用材料及代用件，严禁修理单位自行改装。

⑦严禁在安装好的塔式起重机的各部金属结构上安装或悬挂标语牌、广告牌等挡风物。

⑧严禁作为其他设备的地锚或牵绳等的固定装置。

⑨严禁在塔式起重机上安装或固定其他电气设备、电气元件或开关柜。

⑩严禁将塔式起重机的工作机构、金属结构、电气系统作为其他设备的附属装置。

⑪检修人员上塔身、起重臂、平衡臂等高空部位检查或修理时，必须系好安全带并固定在牢固可靠的部位。

⑫操作室禁止放置易燃物和妨碍操作的物品；冬季取暖必须采取安全措施，防止火灾、触电事故。

⑬塔机停用时，吊物必须落地，不准悬在空中，并对塔机的停放位置和小车、吊钩、夹轨钳、电源等一一加以检查，确认无误后，方能离岗。

（5）内爬式塔机的爬升注意事项。

①爬升作业应在白天操作，风力大于 4 级时，应立即停止作业。

②爬升时，机上和机下人员之间及上部楼层和下一层楼之间配合人员的联系要始终保持畅通，最好采用对讲机。爬升中如遇故障或有异常情况，应立即停机检查，找出原因、排除故障后，才能继续爬升。

③爬升过程中，禁止起升、回转、变幅等动作。

④当塔机爬升到预定高度后，应及时拔出塔身底座的支承梁或支腿，通过爬升框架固定在结构上，以承受塔机上部传来的垂直方向荷载。

⑤内爬塔机是通过导向装置、楔板和爬升框架与结构附着，所以，爬升到指定楼层时，应立即顶紧导向装置或用楔块塞紧，以承受水平载荷。内爬塔机的附着间距一般不得小于3个楼层。

⑥凡设置爬升框架的楼层，各楼层板下面应设支撑作临时加固。搁置塔机底座支承梁的楼层下两层楼板，均需设置支撑作临时加固。

（6）自升式塔式起重机的操作规程。

①附着式或固定式塔式起重机基础及其附着的建筑物抗拉的混凝土强度和结构配筋必须满足设计要求。

②吊运构件时，平衡重按规定的重量移至规定的位置后才能起吊。

③专用电梯禁止超员乘人，当臂杆回转或起重作业时严禁升动电梯，用完后必须降到地面最近位置，不准长时间停在空中。

④顶升前必须放松电缆，其长度略大于总的顶升高度，并做好电缆卷筒的紧固工作。

⑤在顶升过程中，必须有专人指挥，看管电源、操纵液压系统和紧固螺栓，非工作人员禁止登上顶升架平台，更不准擅自按动开关或其他电气设备，禁止在夜间进行顶升工作。4级风以上的不准进行顶升工作。

⑥顶升过程中，应把回转部分刹住，严禁回转塔帽，顶升时，发现故障，必须立即停车检查，排除故障后，方可继续顶升。顶升后必须检查各连接螺栓，是否已紧固，爬升套架滚轮与塔身标准节是否吻合良好，左右操纵杆是否回到中间位置，液压顶升机构电源是否切断。

⑦每次爬升完后，楼板上留下的孔洞，应用钢筋混凝土将其补浇封闭。

⑧塔机爬升结束后，必须对附着情况、爬升框架的固定、底座支承梁的紧固、楼板下的临时支撑等情况一一加以检查验收，确认无误后，才可使塔机投入使用。

（二）施工升降机的安全操作要求

1. 安装与拆卸的安全要求

（1）基础。

①首先确定升降机与建筑物的距离，按照升降机说明书的要求进行基础制作。

②应该准确预留螺栓孔或预埋螺栓，并对丝扣进行保护，混凝土表面水平度应不大于10毫米。

③应有排水设施。

（2）编制施工方案。按照该升降机说明书的要求和有关规定，结合施工现场作业条件编写专项施工方案，并向全体作业人员进行交底。

（3）选择队伍。安装和拆卸施工升降机必须由具有专业资格的队伍进行，应取得市级有关部门核发的资格证书。

（4）专人指挥。安装和拆卸过程中，必须由专人统一指挥，并熟悉图纸说明书、安装程序及检查要点。

（5）检查各部件。

①传动器的齿轮、限速器的装配精度及其接触长度。

②附墙架设置处的混凝土强度和螺栓孔是否符合安装条件。

③导轨架，吊笼等金属结构的成套性和完好性。

④电气设备主电路和控制电路是否符合国家规定的标准。

⑤各安全装置是否齐全，装置位置是否正确牢固，各限位开关动作是否灵敏可靠。

⑥天气状况。

（6）安装附墙架。随导轨架标准节的接高必须按说明书的要求进行附墙架的连接，并用两台经纬仪校正导轨架垂直度（每10米偏差不大于5毫米）。导轨架顶部悬臂部分不得超过说明书规定的高度。

（7）接高试验。为保证安装和拆卸作业的安全，按照规定在安装工作开始时，应对升降机进行超载静态试验。

①安装导轨架按照制造厂使用说明书的规定，依次进行不少于2节标准节的接高试验。

②吊笼不带对重，以125%的额定安装荷载，吊笼升高距地面1米，停车10分钟，观测吊笼有无下滑及升降机有无其他异常现象。

（8）安装、拆卸的注意事项。

①安装和拆卸时，吊笼与吊杆不准同时使用。吊笼顶部装设安全开关，当人员在吊笼顶部进行接高、拆卸或检修作业时，应使该开关断路吊笼不能启动。

②在安装和拆卸作业过程中，往往是吊笼处于无对重下工作和没安装上限位开关的情况下运行。

吊笼内载荷应控制不超过额定载荷的50%。吊笼向下运行时，是靠吊笼自重逐步下滑，每下滑一个标准节停车一次，避免超速刹车。

吊笼向上运行时，在没安装上限位开关时，应采用钢丝绳保护（防止冒顶），并控制吊笼的上滚轮距齿条顶端不小于0.5米，防止冒顶。

③在拆卸对重之前，必须对升降机及附墙架、制动器间隙、主传动机构的运行等进行检查，确认符合要求。吊笼升至导轨架上部，使对重落地，然后再点动吊笼慢慢上升0.5米左右，梯笼

不发生下滑，即可按顺序拆除。

④注意安装、拆卸导轨架的同时，不准同时铺设和拆除各层通道板，防止梯笼、对重上下运行与各层通道作业人员碰撞，必须待吊笼停在该层时，方可铺设或拆卸该层通道工作。

⑤安装和拆卸人员必须按高处作业要求，挂好安全带，地面应围圈出作业区域。

⑥拆卸时，严禁将物件从高处向下抛掷。

⑦整机调试。

安装完毕后进行检验和整机调试，并按规定进行试验，确认符合要求后方可投入使用。

2. 安全使用要求

（1）升降机的司机应是专职人员，严禁无证操作。

（2）司机应做好日常检查工作，即在电梯每班首次运行时，应分别作空载和满载试运行，将梯笼升高离地面 0.5 米处停车，检查制动器的灵敏性和可靠性，确认正常后方可投入使用。

（3）载重运行时，必须从最底层开始上升，严禁自上而下。当吊笼升高离地面 1~2 米时，要停车试验制动器的可靠性，若发现不正常，经修复后再运行。

（4）人员及物料在吊笼内尽量分布均匀，防止过大偏载。升降机进门明显处标明限载重量和允许乘人的数量，司机必须经核定后方可运行，严禁超载运行。

（5）司机应按指挥人员信号操作，作业运行前应鸣声示意。司机离机前，必须将吊笼降到最底层，并切断电源、锁好电箱。

（6）确保通信装置的完好，司机应当在确认信号后方能开动升降机。作业中无论任何人在任何楼层发出紧急停车信号，司机都应当立即执行。

（7）严禁在升降机运行状态下进行维修保养工作。若需要

维修，必须切断电源，并在醒目处挂上"有人检修，禁止合闸"的标志牌，并有专人监护。

（8）升降机运行至最上层和最下层时，严禁以碰撞上、下限位开关来实现停车。

（9）风力达6级以上，应停止使用升降机，并将吊笼降至地面。

（10）升降机应按规定单独安装接地保护和避雷装置。

（11）司机因故离开驾驶室及下班时，应将吊笼降至地面，切断总电源并锁上电箱门，以防止其他无证人员擅自开动吊笼。

（12）各停靠层的运料通道两侧必须有良好的防护。楼层门应处于常闭状态，其高度应符合规范要求，任何人不得擅自打开或将头伸出门外，当楼层门未关闭时，司机不得开动电梯。

（13）建立和执行定期检查与维修保养制度。

(三) 物料提升机的安全操作要求

1. 类型

（1）物料提升机是主要应用于建筑施工与维修工作的垂直运输机械，也属施工升降机的一种类型。它是专为运送物料、禁止载人运行的，以地面卷扬机为动力，采用钢丝绳提升方式使吊篮（吊笼）沿导轨升降的垂直运输机械。

（2）物料提升机按提升高度可分为低架提升机和高架提升机。

低架提升机：指提升高度在30米以下（含30米）的物料提升机。

高架提升机：指提升高度在31~150米的物料提升机。

（3）按提升机架体的构造形式可分为门架式（龙门架）和井架式（"井"字架）物料提升机。

2. 物料提升机的安全使用

（1）提升机安装后，进行检查验收，确定合格后方可交付使用。

（2）由专职司机操作。操作人员必须经专门培训，获得合格证书才能上岗。

（3）物料提升机必须有合格证和符合《龙门架及井架物料提升机安全技术规范》（JGJ 88—2010）的规定。

（4）每次重新组装后使用前，经试验检验确认符合要求方可使用。

（5）每班作业前，应进行检查，包括架体、附墙架、缆风绳、地锚，并做空载试验及制动和对安全装置确认符合要求。

（6）每月进行一次定期检查。

（7）严禁人员攀登、穿越提升机架体和乘坐吊篮上下。

（8）物料在吊篮内应均匀分布，不得超出吊篮，严禁超载使用。

（9）装设摇臂把杆的提升机，吊篮与摇臂把杆不得同时使用。

（10）提升机在工作状态下，不得进行保养、维修、排除故障等工作，若要进行则应切断电源，并在醒目处挂"有人检修、禁止合闸"的标志牌，必要时应设专人监护。

（11）司机视线不清或多楼层同时作业使用提升机无统一指挥时，司机不准开机。作业中不论任何人发出紧急停车信号，司机应立即执行。

（12）使用摩擦式卷扬机，必须严格控制吊篮的下降速度，防止过快撞击地面或造成架体的晃动。

（13）发现安全装置有缺陷故障时，应立即停机修复，不准任意拆除和改变防护装置。

（14）司机在作业中不得随意动用极限限位装置。暂时离开或作业结束时，司机应降下吊篮，切断电源，锁好控制电箱门，防止其他无证人员擅自启动提升机。

（15）经常检查传动机构钢丝绳、滑轮的磨损情况，发现钢丝绳断丝、锈蚀严重、滑轮轮缘磨偏、破损等情况，要及时维修、更新。

（16）现场作业遇缆风绳有影响需临时拆除时，必须找施工负责人研究解决方法，以保障架体的稳定性，严禁擅自拆除缆风绳，以避免造成架体倒塌。

（17）钢丝绳的报废标准。钢丝绳如有下列情况之一的，就不能再继续使用。

①钢丝绳中有一整股折断。

②钢丝绳产生拧扭、死结、部分压扁、弯曲变形严重、结构破坏绳芯挤出。

③钢丝绳表面磨损严重已达细钢丝直径的40%或者锈蚀严重已失去柔软变硬。

④钢丝绳发生断丝严重，在一个节距内达10%，应报废不能再继续使用。若发现虽然断丝磨损但尚未达到以上规定程度时，应减载使用。

下篇　农业防灾减灾

第七章　农业自然灾害的防灾减灾

第一节　自然灾害对我国农业的影响

一、农业自然灾害的种类、特征及对农业的影响

自然灾害是指自然因素或者人为活动引发的，危害或者可能危害人民生命和财产安全的水旱灾害、气象灾害、地震灾害、地质灾害、海洋灾害、生物灾害、森林草原火灾等事件。我国是一个多自然灾害的国家，南涝北旱、台风、地震以及沙尘暴等多种自然灾害给人民生活和社会经济发展带来了巨大的损失。因此，认识它的发生、发展规律、分布规律等，提高全民族防灾减灾意识，对我国今后的可持续发展有着重要的意义。

我国主要的农业自然灾害有以下几种。

1. 水旱灾害

水旱灾害显见于北方干旱、半干旱地区及南方丘陵山地，这些地区生态条件比较恶劣，易受自然变化及人类活动的影响。其中，荒漠化集中于西北及长城沿线以北地区，如塔里木盆地周围、鄂尔多斯高原、河西走廊等地区是我国荒漠化多发重发区。

水土流失灾害以黄土高原、太行山区及江南丘陵地区最为严重。据 2021 年全国水土流失动态监测显示，我国现有的水土流失总面积约 267 万平方千米，全国水土流失面积中，水力侵蚀面积为110.58 万平方千米，风力侵蚀面积为 156.84 万平方千米。水力侵蚀呈明显流域分布，风力侵蚀呈明显区域分布，大江大河上中游地区特别是长江上游和黄河中游水力侵蚀尤为集中。此外，海洋带发生的赤潮、海岸侵蚀也是我国不可忽视的·大生态问题。在我国，造成水旱灾害有自然原因，如气象、地质和地貌等因素，但更主要的是不合理的人为活动，表现在 4 个方面：过量放牧；滥伐、滥挖、滥采；滥垦；滥用水资源。因此，合理的开发资源、提高环保意识才能更好地避免自然灾害对我国造成的损失。

2. 气象灾害

我国的气象灾害包括洪涝、干旱、低温冷害、冰雹、沙尘暴等。在诸多自然灾害中，气象灾害对人民生命财产造成的损失最大。气象灾害的分布与气候及地形条件密切相关。例如，旱涝灾害集中分布于东北平原、黄淮海平原及长江中下游平原。与温度有关的低温冷害、冰雪灾害等主要发生在气候寒冷的东北地区及地势高峻的青藏高原地区。暴风（包括台风）灾害则以冬季风强盛的西北、北部地区及夏季风强盛的东南、东部沿海地区最为严重。

3. 地质灾害

我国地质环境复杂，自然变异强烈，灾害种类齐全，主要有地震、滑坡、泥石流、活火山、崩塌和地面裂缝等。由于地震的发生往往隐藏性强，爆发突然，毁坏程度巨大，被称为"群灾之首"。

4. 生物灾害

生物灾害指在自然条件下的各种生物活动或由于雷电、自燃

等原因导致的发生于森林或草原，或有害生物对农作物、林木、养殖动物及设施造成损害的自然灾害。它除了具有一般自然灾害的种类多、频率高、强度大、范围广和区域性等共同特点外，还具有突发性与隐蔽性、区域性与扩散性、生物学与社会性、可预测性与可控制性、直接性与间接性等特点。

二、我国农业自然灾害对农业生产的影响

（一）灾害种类多，造成灾害类型复杂多样

我国地域辽阔，构造复杂，地理生态环境多变，有着各种灾害发生的生态条件。与世界其他国家相比，我国的灾害种类几乎包括了世界所有灾害类型。我国又是一个农业大国，成灾类型多。我国大部分地区处于地质构造活跃带上，地震活动随处可见。加之我国又是一个受季风影响十分强烈的国家，受夏季风影响，导致寒暖、干湿度变幅很大；年内降水分配不均，年季变幅也大，干旱发生的频率高，范围广，强度大，暴雨、涝灾等重大灾害常常发生；冬季的寒潮大风天气常常导致低温冷害、冰雪灾害等。在各类灾害中，尤以洪涝、干旱和地震危害最大。我国现阶段正处在经济飞速发展之中，蓬勃发展的乡镇企业为经济发展注入了活力，同时，由于技术、工艺落后，又产生了严重的环境污染灾害。

（二）灾害发生范围广，造成灾害影响面大

我国土地广袤，一年四季几乎总有灾害发生。春季北方有"十年九旱"之称，江南多低温连阴雨。春夏之交北方常有干热风，南方多冰雹、雷雨、大风和局部暴雨。夏秋是我国灾害最多的季节，自南而北先后多暴雨、洪涝，盛夏多伏旱，夏秋之交沿海多台风、风暴潮。秋季在东北地区常有早霜袭击，长江中下游有"寒霜风"危害。冬季全国各地都有寒潮、霜冻威胁。

第二节 农业自然灾害防灾和减灾策略

一、切实提升全民防灾减灾的意识

当前，我国社会各界对农业自然灾害所具有的危险性与严重性的认识不足。鉴于此，我国应当通过多种多样的形式持续提升农业自然灾害的科普宣传工作，切实有效地提升全民防灾意识，进一步推广各项防灾减灾举措，总结好以往在应对农业自然灾害中形成的各类宝贵经验，有效强化农业防灾与减灾工作的组织与管理，切实提升广大人民群众的生态意识。

二、推进农业基础设施建设力度

要从以下4个方面来推进农业基础设施建设。

第一是要强化各地的农田基础设施创建，提升旱涝保收的农田面积。政府应当充分注重水利设施的建设工作，大力保护与修建各类防灾工程。要持续加大投入，积极开展农田基本设施的建设，持续提升病险库治理的进程，尤其是要提升水利设施所具有的防汛、抗旱等能力。

第二是要设立动植物防疫工作体系。近些年来，我国在动物防疫体系建设上已经取得了非常好的成绩，但是植物检疫环境还是相当薄弱，这对我国发展外向型农业产业来说是非常不利的。要减少农业自然灾害对农业经济的影响。

第三是要建设一支吃苦耐劳的高素质基层农技推广人才队伍。这支队伍工作在农村最前线，直接指挥农业领域的防灾、减灾工作。应当依据政策法规的要求建立起相应的组织机构，落实必要的工作经费。

第四是要强化农业农机化工作力度，提升机械抗击水旱灾害的能力。要建立健全农村基层的农机抗灾义务服务组织，并且执行好关于小型农业机械的合理补贴政策，进一步提升农民群众实施机械抗灾的实际能力。

三、发挥科学技术在农业减灾中的积极作用

各级地方政府要不断加强对自然灾害的科学研究，形成规范化的农业自然灾害监测预报体系；要运用灾害预报、灾害区划以及实施防灾规划等多种有效手段抗击农业自然灾害。同时，还要妥善应对自然灾害发生的作用和特点，应用合理的工程技术以及生态维护手段，在各干旱地区积极发展节水型农业，应用喷灌和微灌等大量先进的农业灌溉技术手段，以降低田间深层有可能出现的渗漏和无效的田间蒸发现象，更好地提升灌溉水的利用率。要以农业生物技术为基础，积极发展避灾农业。

要依据本区域内农业生产特征来积极培育各类优良品种，有效调整我国农业的生产、种植结构，进而避免或者减轻一部分危害较为严重的农业自然灾害。

四、建立完善农业保险制度

农业保险对农业风险损失的经济补偿功能是其他政府投入无法直接替代的。农业保险是作为政府支持和保护农业的一项政策措施，坚持以国家政策性农业保险公司为主体的发展模式，兼顾农业保险的合作制度，促进农业保险健康发展。从总体框架上看，要充分发挥国家农业产业政策、金融政策和保险相关的政策作用，建立多层次体系、多渠道支持、多主体经营的农业保险制度。首先，通过政府的政策支持实现政府与市场相结合，确保农业保险的经营稳定性。其次，农

民自愿联合、自负盈亏、自主经营在一定程度上能够为广大农民所接受。再次，政府通过分保形式保证农业风险在全国范围内分散。最后，政府直接经营与间接支持，中央与各级地方政府相结合原则，划分了政策性与其他非政策性保险的界限，明确了政府、保险公司、农民三方面的利益关系，增强地方保险的责任。

第三节　建立农村自然灾害应急系统

人类对待大自然的正确态度是尊重和适应自然规律，保护和改善自然环境，并利用不断进步的现代科学知识和技术力量，以及日益完善的社会制度，防御自然灾害风险。解决农业与农村防御和减轻自然灾害影响的努力也应当是多方面的。

一、把农村防御和减轻自然灾害作为各级政府工作的重要内容

各级政府要从城乡协调发展、促进农村长期繁荣和稳定的高度，深刻认识加快农村防灾减灾能力建设的重大意义，下大力气解决农村在防御和减轻自然灾害上存在的信息不畅、基础不牢、效率不高等薄弱环节。要按照统一领导、分级管理、以城带乡、以村为基本单位的思路，加快建立县级乡村突发自然灾害应急组织体系，重点加强村级有组织防灾减灾能力建设，每个村都要指定一名有一定科技水平的专职人员负责灾害警报的接收和传递。

在自然灾害频发且影响较为严重的地区，要积极组织重大灾害应急演练。全国各县级政府要充分发挥其在农村防御和减轻自然灾害方面的重要作用，切实承担起各县灾害防御规划、灾害监

测预报预警、救灾抗灾等重要任务。

二、重视解决农村预警信息服务的"最后一公里"问题

确保重大灾害性预报警报能够及时传递给广大农民。预报警报能否快速准确地传达到最需要的人手里,争取到更多的时间来采取防御措施,是避免和降低灾害损失的关键因素。

农村与城市客观上存在着数字与信息鸿沟,因此,要把重大自然灾害预警信息发布系统建设放在农村基础设施建设的重要位置,并予以高度重视。各地政府既要针对农村地区相对偏僻、农民居住相对分散、关键农事季节十分忙碌的客观实际,充分利用电视、广播、报纸、电话、手机短信和互联网等渠道,及时向农村发布和传递气象预报警报信息,也要针对偏僻山区、海区、牧区缺乏现代通信手段的客观实际,大力支持涵盖专用电台、公共广播、移动式警报器等的预警服务发布系统的建设和运行,要尽可能免费为每个行政村和相对集中的居住点配备警报接收系统。

三、加强农村灾害防御规划、宣传和科学技术知识普及

符合自然规律的乡村规划和建设是防御和减轻自然灾害的基本前提。各级政府要从促进人与自然和谐以及从源头上遏制自然灾害对农村影响的高度出发,加强乡村建设规划的自然环境论证和灾害风险评估,合理安排农村各项建设布局,保持良好的生态环境,避免对自然环境的人为破坏,减轻各类灾害对农村正常经济和社会生活的影响。要针对农民整体防灾减灾意识不强,应用科学和技术防御和减轻自然灾害能力不足等客观实际,加强各类自然灾害防御知识的宣传、教育,不仅要把预报预警信息及时地告诉老百姓,也要把如何趋利避害的科学措

施全面地告诉老百姓。

　　在突发性自然灾害来临时，使农民及时掌握预警预报信息，正确运用防灾减灾知识，不再恐慌，不再被动，最大限度地保护生命财产安全。

第八章　风灾、雹灾

第一节　干热风

一、概述

干热风是一种高温、低湿并伴有一定风力的农业灾害性天气。在各地区有干热风、热风、干旱风及热干风等不同称呼。

干热风天气主要表现为大气干旱，而土壤中的水分含量并不缺少。因植物蒸腾作用强烈，植物损失水分过多，破坏了植物的水分平衡和光合作用，结果在短时间内给作物的生育和产量带来巨大的影响。如小麦抽穗、扬花、灌浆的时候，植物蒸腾急速增大，植株体内水分失调，导致农作物秕粒增多甚至枯死。

干热风对人的危害。可使人出现皮肤酸痛、红肿、眼睛发红、视力受损、神经紊乱、心情烦躁等症状，严重时还会使人虚脱、中暑，同时人体也易引起"上火"，产生溃疡。

二、防灾与减灾对策

以小麦为例，要防御冬小麦受干热风的危害，一是在干热风出现前可选用抗干热风优良品种、营造防护林带、合理施肥、适浇麦黄水、适时播种等综合农技措施；二是喷洒石油助长剂、草木灰水、磷酸二氢钾、硼、腐殖酸钠等化学药剂来减轻干热风的

危害。

对于干热风引起疾病的患者，一般采取以下措施，大量饮水，并补充糖分和盐分，也可以饮用夏季的清凉饮料。对每次干热风来临都出现严重症状者，则可及早使用负离子吸入，每天 2 次，每次半小时；或服用谷维素预防，一天 3 次，每次 30 毫克。可用药膳食疗，如心火旺盛或脾胃积热，可用竹叶粥食疗，以鲜竹叶 40 克、石膏 50 克、米 100 克、砂糖适量制成；阴虚火旺型可用二冬粥食疗，选用麦冬 15 克、天冬 15 克、玄参 15 克、糯米 100 克及冰糖适量制成；脾胃虚寒型则可用理中粥，材料以党参、干姜、炙甘草、茯苓、糯米、红糖制成。除了药物治疗及食疗外，要避免口腔溃疡还需注意平常的生活习惯，饮食忌辛辣、烧烤油炸、油腻厚味的食品，要多喝开水，多吃蔬菜，保持大便畅通，避免便秘；口疮严重者，可以改用细软或半流质的饮食。

第二节 龙卷风、台风

一、概述

台风是形成在热带广阔洋面上的一种强烈发展的热气旋（中心气压很低），也称为飓风。

龙卷风是在极不稳定天气下由空气强烈对流运动而产生的一种伴随着高速旋转的漏斗状云柱的强风涡旋，其中心附近风速可达 100~200 米/秒，最大 300 米/秒，比台风（产生于海上）近中心最大风速大好几倍。其破坏性极强。

台风预警信号分为四级，分别为蓝色预警、黄色预警、橙色预警、红色预警。

蓝色预警：24 小时内可能或者已经受热带气旋影响，沿海

或者陆地平均风力达6级以上，或者阵风8级以上并可能持续。

黄色预警：24小时内可能或者已经受热带气旋影响，沿海或者陆地平均风力达8级以上，或者阵风10级以上并可能持续。

橙色预警：12小时内可能或者已经受热带气旋影响，沿海或者陆地平均风力达10级以上，或者阵风12级以上并可能持续。

红色预警：6小时内可能或者已经受热带气旋影响，沿海或者陆地平均风力达12级以上，或者阵风达14级以上并可能持续。

台风的危害性主要有4个方面：①大风。台风中心附近最大风力一般为8级以上。②暴雨。台风是最强的暴雨天气系统之一，在台风经过的地区，一般能产生150~300毫米降雨，少数台风能产生1 000毫米以上的特大暴雨。③风暴潮。一般台风能使沿岸海水产生增水，常常带来狂风暴雨天气，引起海面巨浪，严重威胁航海安全。④登陆后，可摧毁庄稼、各种建筑设施等，造成人民生命和财产的巨大损失。

当龙卷风出现时，一般伴有雷雨和冰雹，它与一般大风的区别是中心气压低、风力大，破坏力大。龙卷风的水平范围很小，直径从几十米到几百米，最大为1 000米左右，发生至消散的时间很短，持续时间一般也仅有几分钟，最长不超过几十分钟，影响的面积也较小，但却可以造成庄稼、树木瞬间被毁，交通、通信中断，房屋倒塌，人畜伤亡等重大损失。

二、防灾与减灾对策

（一）台风来临之前的防灾措施

（1）不要下海游泳。

（2）请尽可能远离建筑工地。

（3）检查家中门窗阳台是否稳固。

（4）随时收听广播，注意气象变化及台风动向，做好防灾抗灾准备。

（5）远离危房、危墙、广告牌、电线杆等易造成倒塌的地方。

（6）应准备好手电筒、收音机、食物、饮用水及常用药品等，同时，检查电路，注意炉火、煤气，防范火灾。

（7）将养在室外的动植物及其他物品移至室内，特别是要将楼顶的杂物搬到安全的地方。

（8）海上作业船只要及时回港、固锚，船上的人员必须上岸避风。

（二）台风期间的防范措施

（1）减少外出，如果一定要出行，建议不要自己开车，可以选择坐火车。

（2）不要在大树下躲雨或停留。

（3）强风突然来袭躲避不及，应迅速到安全区等待救援或向 110 求助。

（4）及时清理排水管道，保持排水畅通。

（5）船舶在航行中遭遇台风袭击，应主动采取应急措施，及时与岸上有关部门联系，弄清船只与台风的相对位置。

（6）强台风过后不久，一定要在房子里或原先的藏身处待着不动。因为台风的"风眼"在上空掠过后，地面会风平浪静一段时间，但绝不能以为风暴已经结束。

（三）台风之后的减灾措施

（1）受伤后不要盲目自救，请拨打 120。

（2）外出要当心断落的电线、损坏的路基、积水的洼地、暴涨的河水、半倒的树木。

（3）灾后需要注意环境卫生与食物、水的消毒工作。

（四）龙卷风来临时注意事项

（1）在家时，务必远离门、窗和房屋的外围墙壁，躲到与龙卷风方向相反的墙壁或小房间内，抱头蹲下。躲避龙卷风最安全的地方是地下室或半地下室。

（2）在电杆倾倒、房屋垮塌的紧急情况下，应及时切断电源，以防止电击人体或引起火灾。

（3）在野外遇龙卷风时，应就近寻找低洼地，伏于地面，但要远离大树、电杆，以免被砸、被压和触电。

（4）汽车外出遇到龙卷风时，千万不能开车躲避，也不要在汽车中躲避，因为汽车对龙卷风几乎没有防御能力，应立即离开汽车，到低洼地躲避。

（5）注意收听、收看当地气象部门发布的天气预报及预警信息。

（6）在野外要远离龙卷风的路径范围，遭受龙卷风时要扑倒在地，要远离大树，以免被砸伤，寻找与龙卷风来向相反的方向躲避。

第三节　沙尘暴

一、概述

沙尘暴是沙暴和尘暴两者兼有的总称，是指强风把地面大量沙尘物质吹起并卷入空中，使空气特别混浊，水平能见度小于100米的严重风沙天气现象。其中沙暴系指大风把大量沙粒吹入近地层所形成的挟沙风暴；尘暴则是大风把大量尘埃及其他细粒物质卷入高空所形成的风暴。沙尘天气过程分为4类：浮尘天气过程、扬沙天气过程、沙尘暴天气过程和强沙尘暴天气过程。

沙尘暴预警信号分为 3 级，分别以黄色预警、橙色预警和红色预警表示。

黄色预警：12 小时内可能出现沙尘暴天气（能见度小于 1 000 米），或者已经出现沙尘暴天气并可能持续。

橙色预警：6 小时内可能出现强沙尘暴天气（能见度小于 500 米），或者已经出现强沙尘暴天气并可能持续。

红色预警：6 小时内可能出现特强沙尘暴天气（能见度小于 50 米），或者已经出现特强沙尘暴天气并可能持续。

沙尘暴天气是我国西北地区和华北北部地区出现的强灾害性天气，可造成房屋倒塌、交通供电受阻或中断、火灾、人畜伤亡等，污染自然环境，破坏作物生长。沙尘暴给国民经济建设和人民生命财产安全造成严重的损失和极大的危害。

沙尘暴危害主要有以下 5 个方面：①生态环境恶化；②生产生活受影响；③生命财产损失；④影响交通安全（飞机、火车、汽车等交通事故），造成飞机不能正常起飞或降落，使汽车、火车车厢玻璃破损、停运或脱轨；⑤危害人体健康。当人暴露于沙尘天气中时，含有各种有毒化学物质、病菌等的尘土可透过层层防护进入到口、鼻、眼、耳中，可能诱发过敏性疾病、流行病及传染病。

二、防灾与减灾对策

（一）沙尘暴的治理和预防措施

沙尘暴的治理和预防措施主要有以下几点。

1. 保护环境

加强环境的保护，把环境的保护提到法制的高度上来。

2. 种草植树

种草植树是恢复植被的重要措施。加强防止风沙尘暴的生物

防护体系。

3. 示范工程

根据不同地区因地制宜制定防灾、抗灾、救灾规划，积极推广各种减灾技术，并建设一批示范工程，以点带面逐步推广，进一步完善区域综合防御体系。

4. 控制人口

控制人口增长，减轻人为因素对土地的压力，保护好环境。

5. 科普宣传

加强沙尘暴的发生、危害与人类活动有关的科普宣传，使人们认识到所生活的环境一旦破坏，就很难恢复，不仅加剧沙尘暴等自然灾害，还会形成恶性循环，所以要自觉地保护自己的生存环境。

（二）沙尘暴来临前的准备措施

1. 关好门窗

在玻璃上贴"米"字形胶布，防止玻璃破碎。

2. 勿在窗下

远离窗口，避免玻璃破碎伤人。

3. 妥收物品

妥善放置易受沙尘暴损坏的室外物品。

4. 谨防溺水

远离河流、湖泊、水池，以免被吹落水中导致溺水。

（三）出行、躲避注意事项

1. 减少外出

尽量减少外出，外出时戴口罩，用纱布蒙住头，以免沙尘侵害眼睛和呼吸道。不要在广告牌、临时建筑物下逗留、避风。

2. 行车安全

机动车应谨慎驾驶，减速慢行，密切注意路况，保证交通

安全。

3. 谨防物体倒塌

在电线杆、房屋倒塌的紧急情况下，应及时切断电源，防止触电或引起火灾。

4. 严防砸伤

在野外遭遇沙尘暴时，应就近寻找低洼地，伏于地面，但要远离大树、土墙、电线杆等，以防被砸伤、压伤和触电。

第四节 风 雹

一、概念与分类

（一）概念

风雹灾害是冰雹、雷雨大风和龙卷风等灾害的统称，是由强对流天气系统引起并常常伴随着狂风、冰雹、强降水、急剧降温等阵发性灾害性天气过程的一类剧烈气象灾害。由于这种灾害性天气发生在积雨云中，故称其为"对流性风暴"或"强雷暴"，以严重降雹为主的雷暴又称"雹暴"。这种灾害主要发生在亚热带和温带地区，是中国、美国等季风气候地区频发的自然灾害之一，但不同地区发生的频次和危害程度有所不同。

风雹灾害与系统性大风、暴雨灾害相比，具有影响范围小，发展速度快，持续时间短，但来势迅猛，灾害重，破坏力强等特点。瞬间即能造成严重危害，尤其是冰雹与短时暴雨、雷雨大风同时出现，不仅危害农业、林业，而且对工业、通信、交通等也会造成极大危害。

（二）分类

风雹灾害对农业的危害主要可分为大风、冰雹、暴雨（骤

雨）灾害 3 类。

大风是指风速≥17 米/秒即 8 级以上的风，一般风力在 6 级以上就可对农作物产生危害，危害大小取决于风力强度、持续时间和作物状况，大风主要造成作物、果树的机械损伤、倒伏，吹散吹跑畜群，破坏农业设施等。

冰雹是指直径大于 5 毫米的固体降水物，呈球形、椭球形、圆锥形和不规则状，常由透明与不透明层交替组成。中心为雹胚（霰或冻滴），一般 3~5 层，通常雹块越大，层次越多。直径小于 5 毫米的称为冰粒，结构坚硬，落地会反跳；直径 2~5 毫米的称为霰，结构松软，着地易破碎。冰粒和霰可单独降落，危害相对较小。冰雹的危害与其大小和透明度有关。冰雹的密度为 0.3~0.9 克/立方厘米，透明冰雹的密度要大于白色冰雹，可达 0.85~0.9 克/立方厘米；半径 1 厘米的冰雹重 3.8 克，到达地面的速度一般为 20 米/秒，半径 3~9 厘米的冰雹重 100 克到 2~3 千克，速度达 30~60 米/秒，破坏力极大。冰雹可砸伤叶片、果实，重者砸断茎秆，造成落花落果等。另外，由于降雹前后温差可达 7~10℃，可使作物遭受冷害或冻害。

根据一次降雹过程中，多数冰雹（一般冰雹）的直径、降雹累计时间和积雹厚度，将冰雹分为 3 级。①轻雹，多数冰雹直径不超过 0.5 厘米，累计降雹时间不超过 10 分钟，地面积雹厚度不超过 2 厘米。②中雹，多数冰雹直径 0.5~2.0 厘米，累计降雹时间 10~30 分钟，地面积雹厚度 2~5 厘米。③重雹，多数冰雹直径 2.0 厘米以上，累计降雹时间 30 分钟以上，地面积雹厚度 5 厘米以上。

暴雨（骤雨）与大风、冰雹相伴，可加剧农作物的大面积倒伏，少数降雹过程伴有局部洪水灾害等，使损失加重。

强对流天气引起的大风、冰雹、骤雨三者往往同时或伴随发

生，很难准确分清各自的危害程度，因此，有关统计中统称为风雹灾害。

（三）危害

风雹灾害的危害主要有 4 个方面。

1. 大风的影响

大风能刮倒农作物，造成大面积减产。尤其是北方小麦产区，如果在灌浆期遇到风雹灾害，将造成大片倒伏，导致灌浆过程减缓或终止，严重降低产量。另外，大风易导致农业设施损毁，建筑物倒塌或垮塌，直接造成人员伤亡。如果形成龙卷风，对局地的危害非常大。

2. 冰雹的影响

每年 4—6 月是我国雹灾发生次数最多的时段，为降雹盛期。这一阶段恰好是春耕季节。冰雹危害主要表现在雹块从高空急速落下，冲击力大，再加上猛烈的暴风雨，使摧毁力得到加强，经常让农民猝不及防，有的还导致地面人畜伤亡。冰雹一般会将农作物砸坏、砸死，直径较大的冰雹会对正在开花结果的果树、玉米、蔬菜等农作物造成毁灭性的破坏，直接影响对城市的季节供应，常年使丰收在望的农作物顷刻之间化为乌有。另外，冰雹还可毁坏居民房屋、砸坏建筑物，在城市还容易砸伤汽车，经济损失惨重。

3. 暴雨的影响

风雹天气的暴雨一般时间比较短，但影响比较大。大雨往往造成农作物被淹、地面积水、人行受阻等。

4. 雷电的影响

风雹灾害一般伴有雷电，往往导致人员被直击伤亡。

二、农村防灾与减灾对策

加强风雹预报，在冰雹到来之前抢收或采取防护措施。

在多雹地带种植牧草和树木，增加森林面积，改善地貌环境，破坏雹云形成条件，以减少雹灾。

种植抗雹或恢复能力强的作物，适当调整播种期，尽量使抽穗开花至灌浆成熟等敏感期避开冰雹危害时节。

开展人工消雹，用炮、飞机在云层中播撒催化剂促使降水。三七高炮是我国目前人工防雹作业广泛使用的主要工具，通过炮击雹云，使其分散、提前降雨。

多雹地区的降雹季节，农民下地应携带防雹器具，如竹篮、柳条筐等，以减少人身伤亡。

灾后补救。根据不同作物、不同生育期的受灾程度决定是否毁种。灾后要加强田间管理，如及时培土、中耕、浇水、施肥，促使作物尽快恢复生长。

第九章　低温灾害

第一节　冷　害

一、概述

冷害是指在农作物生长季节遭受0℃以上低温的危害。

二、冷害的分类

按冷害发生季节，可分为春季低温冷害、秋季低温冷害、夏季低温冷害3类。按冷害发生时的低温天气气候特征，可分为低温、寡照、多雨的湿冷型，天气晴朗、有明显降温的晴冷型，以及持续低温型3类。按冷害低温对作物危害特点及作物受害症状，可分为延迟型冷害、障碍型冷害和混合型冷害3类。

延迟型冷害指在作物生育前期（一般是孕穗期以前）遇较长时间低温，削弱植株光合作用，减少养分吸收，影响光合产物和矿质养分运转，使生育期显著延迟、不能正常成熟而减产。障碍型冷害指在作物生殖生长期（主要是孕穗和抽穗或抽雄、开花期）遇短时低温，植株生理机能受破坏形成空秕粒而减产。混合型冷害指在作物生育前期遇低温，延迟抽穗或抽雄、开花，后期又遇低温造成全部或部分不育并延迟成熟，导致严重减产。

三、防害与减害对策

根据热量资源合理调整作物种类和品种熟性布局，确定适宜当地的农作物种植结构。选择适合本地耐低温早熟避灾高产优质品种，安排适宜播栽期。

合理耕作，增墒提温。主要适用于东北和新疆地区的玉米、高粱和棉花等作物。①秋翻起垄和留茬比秋平翻土壤含水量高4~8个百分点；早春耱雪耙地、耢地可使土雪相融，增加表土水分；播前播后镇压可提墒促进出苗。②推广苗期深松，压缩翻地面积。③适期早播，缩短播期，抢用早春积温。④推广早熟品种"早矮密"栽培。早熟矮秆品种前期生长快，最大叶面积高峰出现早，光合效率高，可充分利用春季和初夏积温，促进生育进程。⑤除草松土，加强管理。多锄、多中耕，疏松土壤，提高地温。

采取综合农业措施，调节田间小气候，提高局部温度，促早熟。主要适用于南方双季稻，东北和新疆地区的水稻、玉米、高粱和棉花等作物。①育苗移栽，培育壮秧。早育苗可延长生育期，增加积温 200~300℃·天；培育壮秧，力求苗齐、苗匀、苗壮。②地膜覆盖。能提高地温，保持土壤水分，改善土壤养分与田间光照，显著促进作物生长发育。③以水增温。冷空气入侵时稻田全天灌深水或日排夜灌，可提高土壤和株间温度。深灌效果更好。喷施水面增温剂，可提早抽穗，降低空秕率。④加强后期田间管理。旱田作物放秋垄、拔大草、打底叶，水田拔除大草、割净田埂杂草，可促进作物早熟高产。玉米隔行或隔株去雄可提早成熟 2~3 天。

第二节　寒　害

一、概述

寒害是指热带、亚热带植物在冬季生育期间受到一个或多个低温天气过程（一般为 0~10℃，有时低于 0℃）影响，造成植物的生理机能障碍，导致减产或死亡的灾害。按照寒害的概念界定，实际寒害发生过程中有可能伴随着霜冻、冻害的发生。

二、防害与减害对策

选择避寒宜林地、营造防护林、采用耐寒品系等；对小苗可搭盖防寒罩、培土；对幼树可采用包扎塑料薄膜、稻草防寒筒以及基部培土、修枝和树脚涂封等措施。

第三节　霜冻与冻害

一、概述

（一）霜冻

霜冻是指农作物生长期间受到接近 0℃ 的低温影响所造成的危害，一般发生在冬春和秋冬之交的农作物活跃生长期间，当土壤或植物表面及近地面空气层温度骤降到 0℃ 以下，使细胞原生质受到破坏，导致植株受害或者死亡，是一种短时间低温灾害。不同农作物类型、品种的抗霜冻能力不同，甚至同一作物品种由于播种期不同，霜冻危害后的情况也不相同。

（二）冻害

冻害是指越冬作物、林木果树及牲畜在越冬休眠或缓慢生

长期间受到0℃以下强烈低温或剧烈变温，或长期持续0℃以下温度，引起植株体冰冻甚至丧失生理活力，造成植株死亡或部分死亡，以及牲畜冻伤或死亡的灾害。

不同作物受冻害的特点不同，如冬小麦冻害可分为：①冬季严寒型，指冬季无积雪或积雪不稳定时发生的冻害；②入冬剧烈降温型，指麦苗停止生长前后因气温大幅度下降而发生的冻害；③早春融冻型，早春回暖融冻，春苗开始萌动时遇较强冷空气发生的冻害。柑橘冻害可分为：①晴冷型，指冷锋过境后天气晴朗，降温剧烈发生的冻害，雨雪后转晴更为明显；②阴冷型，指强冷空气南下至热带、亚热带地区，遭遇暖湿空气，形成阴雨寡照或雨雪连绵天气，日均温在0℃以下，日最低气温在-7℃以上发生的冻害；③混合型，指晴冷和阴冷交替发生的冻害。

二、防害与减害对策

按照作物对温度的要求和当地气候特点合理选择适宜种植地区，在种植临界附近尤其应注意气候变暖的同时极端温度的影响。

合理选择品种和安排播种期、移栽期。东北、西北以及华北北部的玉米、棉花等作物春季应"霜前播种，霜后出苗"。适时早播有利在初霜冻前正常成熟，避免选用晚熟品种。冬小麦应在平均气温下降到15~18℃时播种。冬小麦和冬油菜都要注意掌握适当的播种深度，防止过浅受旱或受寒，但过深播种出苗迟，冬前苗弱，也不利于安全越冬。

选用耐寒抗冻作物和品种。如不同玉米品种三叶期霜冻指标可相差4~5℃，冬小麦不同品种经过抗寒锻炼后的临界致死温度为-22~-8℃不等。

选择背风向阳、坡地中下部、靠近水体等避冻地形修建经济林果种植园，营造防护林和风障。

应急改善局部小气候条件。①覆盖法。用各种材料覆盖植物，如草帘、尼龙布、土。果树可在主干基部培土或包扎草被。②灌溉喷雾法。霜冻前一天灌溉可提高叶面温度，要注意一旦开始结冰就不能停止喷水，否则，可能结冰。空气湿度较大时，气温须在0℃以上才能停止；空气湿度较小时则要在1℃以上时停止。黄瓜、番茄喷水后结冰会造成损害，不宜采用此法。北方冬小麦在入冬前通常需要浇冻水。③烟雾抗霜法。优点是作用范围较大，缺点是增温作用小且不稳定，适于轻霜冻，只对开花期果树防霜较有效。

第四节　冻　雨

一、概述

冻雨是由过冷水滴组成，与温度低于0℃的物体接触立即冻结的降水，是初冬或冬末春初时节见到的一种灾害性天气。当较强的冷空气南下遇到暖湿气流时，冷空气像楔子一样插在暖空气的下方，近地层气温骤降到0℃以下，湿润的暖空气被抬升，并成云致雨。当雨滴从空中落下来时，由于近地面的气温很低，在电线杆、树木、植被及道路表面都会冻结上一层晶莹透亮的薄冰，气象上把这种天气现象称为"冻雨"。我国南方一些地区把冻雨又叫作"下冰凌"，北方地区称它为"地油子"。

二、防害与减害对策

消除冻雨灾害的方法主要有以下几种。

（一）及时清除

在冻雨出现时，动员输电线沿线居民不断把电线上的雨凇敲

刮干净。

（二）飞机绕行

在飞机上安装除冰设备或干脆绕开冻雨区域飞行。

（三）及时融冰

对于公路上的积冰，及时撒盐融冰，并组织人力清扫路面。如果发生事故，应当在事发现场设置明显标志。

（四）减少外出

在冻雨天气里，人们应尽量减少外出，如果外出，要采取防寒保暖和防滑措施。

（五）行车安全

行人要注意远离或避让机动车和非机动车辆，司机在冻雨天气里开车要减速慢行，不要超车、加速、急转弯或者紧急制动，应及时安装轮胎防滑链。

（六）作物防害

为减轻冻雨对农牧业的影响，应及早加固蔬菜温室大棚，盖好棚膜，及时清扫棚面积雪，调控温、湿度，预防棚舍倒塌、损坏，避免冻害、病害等发生；油菜、蔬菜、绿肥等大田作物及时清沟排水，减少田间积水，防止渍水结冰加重冻害。

（七）畜禽御寒

加强家禽家畜养殖管理，做好圈舍防寒保暖工作，牛、猪圈内适当铺设干草，鸡、鸭舍内增加光照。增喂玉米、高粱类能量饲料，增强禽畜御寒能力，同时，注意做好动物疫病防控工作。

（八）完善机制

要完善灾害天气预报信息传播机制，让公众提前知道灾害天气信息，做好各方面的准备工作；要加强科普宣传与教育机制，大力加强公众应对气象灾害的科普教育与宣传工作，这对提高公众防御灾害天气水平，减少生命财产损失非常重要；提高基础设

施建设的抗灾害天气的标准，加强我国针对灾害天气应急防御的相关法律体系的建设（如相关的交通、通信、水电暖等法律保障体系），避免一旦发生灾害天气时出现交通状况混乱等现象，导致生命财产损失更加严重。

第五节 冰 雪

一、冰雪灾害

冰雪灾害是指由固态水的异常运动与变化，包括冰川跃动、冰湖溃决洪水、吹雪、雪崩、强降雪、冰川泥石流、江河冰凌、海冰等造成破坏的自然灾害。冰雪灾害由冰川引起的灾害和积雪、降雪引起的雪灾两部分组成。冰雪灾害常对工程设施、交通运输、农业生产、电力、通信和人民生命财产造成直接危害，是比较严重的自然灾害。

冰雪灾害有多种类型，包括冰雪洪水、冰川泥石流、强暴风雪、风吹雪、雪崩等。

（一）冰雪洪水

冰雪洪水是冰川和高山积雪融化形成的洪水。其形成与气象条件密切相关，每年春季气温升高，积雪面积缩小，冰川冰裸露并开始融化，沟谷流量不断增加；夏季冰雪消融量急剧增加，形成洪峰；秋季消融减弱，洪峰衰减；冬季天寒地冻，消融终止，沟谷断流。冰雪融水主要对公路造成危害。在洪水期间冰雪融水携带大量泥沙，对沟口、桥梁等造成淤积，导致涵洞或桥下堵塞，形成洪水漫道，冲淤公路，有时也冲毁一些农田。

（二）冰川泥石流

冰川泥石流是冰川消融使洪水挟带泥沙、碎石而形成的泥石

流。青藏高原上的山系，山高谷深，地形陡峻，又是新构造活动频繁的地区。断裂构造纵横交错，岩石破碎，加之寒冻风化和冰川侵蚀，在高山河谷中松散的泥沙、碎石、岩块等风化物十分丰富，为冰川泥石流的形成提供了物质基础。

（三）强暴风雪

强暴风雪指由降雪形成的深厚积雪以及异常暴风雪。由大雪和暴风雪造成的雪灾由于积雪深度大，影响面积广，危害更加严重。

（四）风吹雪

风吹雪是指大风携带雪运行的自然现象，又称风雪流。积雪在风力作用下，形成一股股携带着雪的气流，粒雪贴近地面随风飘逸，被称为低吹雪；大风吹袭时，积雪在原野上飘舞而起，出现雪雾弥漫、吹雪遮天的景象，被称为高吹雪；积雪伴随狂风起舞，急骤的风雪弥漫天空，使人难以辨清方向，甚至把人刮倒卷走，称为暴风雪。风吹雪灾害危及工农业生产和人身安全。风吹雪对农区造成的灾害，主要是将农田和牧场大量积雪搬运他地，使大片需要积雪储存水分、保护农作物墒情的农田、牧场裸露，农作物及草地受到冻害；风吹雪在牧区造成的灾害主要是淹没草场，压塌房屋，袭击羊群，引起人畜伤亡；风吹雪常对公路造成危害。

（五）雪崩

雪崩是指积雪的山坡上，当积雪内部的内聚力抗拒不了它所受到的重力拉引时，便向下滑动，引起大量雪体崩塌的自然现象。雪崩又分湿雪崩（又称块雪崩）、干雪崩（又称粉雪崩）两种。它们的形成和发生有不同的地貌和气候条件。湿雪崩一般发生于一场降水以后数天，由表面雪层融化渗入下层雪中并重新冻结形成。而干雪崩夹带大量空气，因此，它会像流体一样。这种雪崩速度极高，它们从高山上飞腾而下，转眼吞没一切，它们甚

至在冲下山坡后再冲上对面的高坡。一般而言，大雪刚停，山上的雪还没来得及融化，或融化的水又渗入下层雪中再形成冻结之前容易形成干雪崩。

二、农区雪灾

(一) 主要危害方式

雪灾对农作物的主要危害方式有以下 5 种。①低温直接危害。包括 0℃ 以下低温造成的作物冻害或霜冻，5℃ 以下低温造成的南亚热带与热带作物寒害。②积冰、积雪、冰冻造成作物机械损伤、温室大棚等设施倒塌。③低温寡照造成作物发育不良。④土壤过湿造成作物根系发育不良或渍害。⑤寡照高湿诱发作物病害发生流行。

(二) 主要成因

(1) 长时间持续低温、雨雪、冰冻超出农作物的临界生长（死亡）温度，导致叶片、花蕾或幼果的组织细胞脱水甚至冻裂。

(2) 长时间积冰、积雪、冰冻，造成作物和蔬菜的叶片、茎秆机械性破损、折断、开裂，果树树干和枝条折断、撕裂等。积雪过厚引起部分大棚倒塌，使设施农业遭受毁灭性打击。

(3) 我国南亚热带和热带气候过渡带由于常年气温相对较高，绝大多数作物为露地栽培，采取设施防护的不多，加上种植作物多为喜温亚热带、热带作物，雪灾可导致严重寒害或冻害的发生。

(4) 长时间连续低温雨雪、寡照、高湿，可造成大田作物和大棚蔬菜生长严重受阻；植株长势变弱，苗情变差，叶片卷曲枯萎，落花落果，根系萎蔫，病害加重。部分蔬菜失去商品价值，上市时间推迟。大棚秧苗由于长势衰弱或冻死苗，无法按时

移栽或无苗需重播改种。融雪后排水不畅，大田作物根系生长受阻，导致田间渍害发生。

（5）冬小麦在积雪深厚、持续时间长、长时间在雪层覆盖下休眠。天气变暖后，积雪层下土壤湿度增大或长时间保持在0℃左右，呼吸作用加强，使秋季积累糖分大量消耗，造成碳水化合物亏损而削弱抵抗力，致使冬小麦大片死亡。同时由于雪下真菌病害（雪霉病、菌核病）导致冬小麦死亡率增大。这种现象多发生在北疆，一般以伊犁、塔城、沿天山北麓一带最严重，这是由于这些地区积雪深厚和融雪时间偏早所致。

（6）雪灾导致的电力、交通、通信系统中断等，可使主产区已采收的大量果品、蔬菜不能及时运出销售被冻烂或腐烂。

三、牧区雪灾

雪灾对畜牧业的危害，主要是积雪掩盖草场且超过一定深度和时间，有的积雪虽不深但密度较大，或融雪结冰形成冰壳，牲畜难以扒开雪层吃草造成饥饿，有时冰壳还易划破羊和马的蹄腕造成冻伤，致使牲畜瘦弱，常常造成母畜流产，仔畜成活率低，老弱幼畜饥寒交迫，诱发疾病发生，死亡增多。同时，还严重影响甚至破坏交通、通信、输电线路等生命线工程，对牧民的生命安全和生活造成威胁。雪灾主要发生在稳定、不稳定积雪地区，偶尔出现在瞬时积雪地区。

四、防灾与减灾对策

（一）冰雪灾害

冰雪灾害多发生在山区，一般对人身和工农业生产的直接影响不大，最大影响是对电力、铁路、公路交通等造成危害。冰雪灾害的主要防控途径如下。

（1）建立冰雪灾害监测预报系统。开展冰雪灾害的监测分析，掌握发生发展规律，准确、及时地预报或预测可能发生灾害的时间和规模，为采取正确减灾措施提供依据。

（2）加强冰雪灾害防灾减灾知识宣传普及力度，使民众能够充分了解冰雪灾害的自我防护方法，防止人为加剧灾害，减少冰雪灾害损失。

（3）基础设施建设（包括电力、铁路、公路交通选线和工矿、工程设施选址）尽量避开可能发生冰雪灾害的地点，以节省工程的防治费用；不可能完全避开时，应根据避重就轻的原则选线和选址。要有超前意识，陈旧的设备必须及时更换，结构抗力等级要能够满足50年甚至上百年一遇灾害的考验。

（二）农业雪灾

防控农业雪灾的关键是要在做好天气预报的基础上，预先采取防护措施，加强饲草等物资储备，做好各种救灾准备工作。

1. 农区雪灾

（1）及早采取有效防冻措施，抵御强低温对越冬作物的侵袭，特别是要防止持续低温对旺苗和弱苗的危害。

（2）加强对大棚蔬菜和在地越冬蔬菜的管理，防止连阴雨雪和低温天气的危害。雪后应及时清除棚顶积雪，既减轻塑料薄膜压力，又有利于增温透光；同时，要加强各类冬季蔬菜、瓜果的储存管理。

（3）趁雨雪间隙及时做好垄沟、腰沟、围沟"三沟"清理工作，降湿排涝，以防连阴雨雪天气造成田间长期积水，影响麦类和蔬菜根系生长发育。同时要加强田间管理，中耕松土，铲除杂草，提高其抗寒能力。做好病虫害的防治工作。

（4）要做好大棚的防风加固，并注意棚内的保温、增温，减少蔬菜病害的发生。

2. 牧区雪灾

（1）加强草原建设，有计划地逐步扩大人工草场种植面积，增加贮料，改善冬季饲草不足状况。

（2）根据当年饲料产量和储备情况，合理确定越冬牲畜头数，淘汰病、弱、老畜。

（3）加强棚围建设，使牲畜安全过冬。如修建家畜暖圈，在放牧转场途中利用有利地形垒筑防风墙、防雪墙等。

第十章　洪涝灾害

第一节　暴　雨

一、概述

我国气象学上规定，24 小时之内，降水量在 50~99.9 毫米的为暴雨，100~199.9 毫米的为大暴雨，超过 200 毫米的为特大暴雨。

暴雨预警信号分四级，分别以蓝色、黄色、橙色、红色表示。

蓝色预警：12 小时内降水量将达 50 毫米以上，或者已达 50 毫米以上且降雨可能持续。

黄色预警：6 小时内降水量将达 50 毫米以上，或者已达 50 毫米以上且降雨可能持续。

橙色预警：3 小时内降水量将达 50 毫米以上，或者已达 50 毫米以上且降雨可能持续。

红色预警：3 小时内降水量将达 100 毫米以上，或者已达 100 毫米以上且降雨可能持续。

暴雨的危害主要有两种：①渍涝危害。由于暴雨急而大，排水不畅易引起积水成涝，土壤孔隙被水充满，造成陆生植物根系缺氧，使根系生理活动受到抑制，加强了嫌气过程，产生有毒物质，使作物受害而减产。②洪涝灾害。由暴雨引起的洪涝淹没作

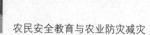

物，使作物新陈代谢难以正常进行而发生各种伤害，淹水越深，淹没时间越长，危害越严重。特大暴雨引起的山洪暴发、河流泛滥，不仅危害农作物、果树、林业和渔业，而且还冲毁农舍和工农业设施，甚至造成人畜伤亡，经济损失严重。

二、防灾与减灾措施

暴雨灾害应急要点如下。

（一）严防内涝

预防居民住房发生小内涝，地势低洼的居民住宅区，可因地制宜采取"小包围"措施，如砌围墙、大门口放置挡水板、配置小型抽水泵等。

（二）切断电源

底层居民家中的电器插座、开关等应移装在离地 1 米以上的安全地方。室外积水漫入室内时，应立即切断电源，防止积水带电伤人。

（三）谨防山洪

在山区旅游时，注意防范山洪。上游来水突然混浊、水位上涨较快时，需特别注意。

（四）收听预报

注意气象部门关于暴雨的最新预报。

（五）及时排涝

检查农田、鱼塘排水系统，做好排涝准备，一旦发生内涝，及时引导排水，减轻灾害损失。

第二节　雨　涝

一、概述

雨涝是指长期降雨而产生的大量积水和径流淹没低地所造成

的灾害。它是我国东部和南部严重的气象灾害。

雨涝常使水土流失，堤坝、田埂冲毁，房舍倒塌、地表积水、土壤过湿，使作物地上受淹，地下受渍，生理机能被破坏。既包括河流泛滥淹没田地所引起的水灾，也包括长期大雨或暴雨产生积水和径流淹没低洼的田地所造成的涝灾。

二、防灾与减灾措施

发生雨涝后尽快撤到楼顶避险，立即发出求救信号，特别是在危房中，千万不要贪恋财物，应迅速撤离；搜集木盆、木材、大件泡沫塑料等适合漂浮的材料，准备药品、通信工具；充分利用准备好的救生器材逃生，不可攀爬带电的电线杆、铁塔，也不要爬到泥坯房的屋顶；发现高压线铁塔倾斜或者电线断头下垂时，一定要迅速远离；如果已被洪水包围，要设法尽快与当地政府防汛部门取得联系，积极寻求救援；要及时抢救溺水者；洪水过后，要做好各项防疫工作；利用新闻媒体，宣传雨涝灾害信息和防范技术措施；科学指导，积极排涝，使农作物损失降至最低。

第十一章　旱　灾

第一节　高温热害

一、概念与分类

高温热害简称高温害，是高温对农业生物生长发育和产量形成所造成的损害，一般是由于高温超过农业生物生长发育上限温度造成的，主要包括作物高温热害和果树、林木日灼及畜、禽、鱼类热害等。

高温热害影响和危害的农作物主要有水稻、玉米、棉花、大豆等，其中，以水稻最为显著；蔬菜主要有番茄、黄瓜、茄子、菜豆、马铃薯等；果树主要有柑橘、苹果、梨、猕猴桃等。高温热害是高温天气对开花至成熟期的作物产生的热害，多发生在我国南方作物夏季生长期，尤其是进入盛夏酷热较早的年份。由于不同作物对高温的耐受力不同，通常把高温热害标准定为连续3天或3天以上日平均气温≥30℃，日最高气温≥35℃。

二、高温热害的成因

以水稻高温热害为例。

（一）水稻高温热害的成因

水稻生长发育过程中以开花期对高温最敏感，灌浆期次之，

营养生长期最小。就产量构成性状而言，结实率对高温最敏感，每穗粒数次之，千粒重第三，株穗数最小。影响水稻高温热害发生的主要因素有天气气候、品种特性、栽培管理水平等。

1. 天气气候

高温天气过程的形成是水稻高温热害发生的前提条件。水稻开花灌浆期受高温影响会使叶温升高，降低叶片同化能力，增加植株呼吸速率，使灌浆期缩短，千粒重下降，导致秕粒增加，引起明显减产。高温强度、持续时间、出现时段及昼夜温差等都对空秕率有直接影响。

2. 品种特性

水稻不同品种抗高温能力有明显差异。有些品种抵御高温的能力强，遇高温时能正常结实或空壳甚少；有的品种抵御高温能力弱，遇到高温就会出现大量空壳，甚至颗粒无收。

3. 栽培管理水平

高温热害受害程度还与秧苗素质、植株生长状况、栽培条件、管理水平等有关。生长不够健壮的田块因营养不良、生理功能不协调、抗逆力下降，易受高温危害。

(二) 水稻高温热害的危害机制

高温对水稻开花期的危害主要是引发受精不良，降低结实率。开花期是水稻对温度最敏感的时期，高温会造成水稻花而不实。危害途径：影响开花，特别是高温低湿影响浆片吸水膨胀，造成不开花；影响花药开裂，高温时失水过快，影响花药开裂甚至不开裂；影响花粉活力，正常情况下花粉寿命只有 5 分钟左右，高温下花粉寿命大大缩短；影响花粉管伸长，高于 40℃ 时花粉管伸长明显不良；影响受精。

高温对水稻灌浆结实期的危害主要是造成灌浆成熟过程缩短，千粒重下降，产量和品质降低。水稻灌浆结实期的适宜温度

为 23~26℃，最高温度为 35℃，持续多天 40℃ 以上的穗层温度会对植株产生影响。灌浆初期高温使籽粒灌浆不完善，秕粒增加。开花后 5~10 天的乳熟前期是决定灌浆增重的关键时期。若受到持续高温的影响，会导致植株早衰，灌浆成熟过程缩短，千粒重下降。乳熟期的高温危害可使黄熟期籽粒增重大幅下降。高温逼熟导致籽粒灌浆不饱满，粒重减轻，产量下降，尤其会造成米粒疏松、碎米率提高、垩白增大、米质恶劣。

三、防灾与减灾措施

农业生物高温热害的防控途径主要如下。

一是选育和引进抗耐热农业生物品种。选育和引进适合当地气候条件下生长发育、高产、优质、抗热害的作物品种、畜禽品种和其他生物良种，使良种地方化。

二是合理安排农业生产，避免高温危害。通过合理安排作物品种和播植期，使开花灌浆期尽量避开高温热害发生期，减轻高温热害的影响。

三是改善田间小气候。加强水稻开花灌浆期田间水分管理，采用"以水调温"的措施，降低田土温度，增大植株间的空气湿度，缓解高温热害。水稻抽穗开花期要浅水勤灌，最好采用日灌夜排或日间喷灌，防止断水过早。

第二节　干　旱

一、干旱灾害影响及特征

（一）干旱概念与影响范围

1. 干旱灾害及分类

干旱是指降水异常偏少，造成空气过分干燥，土壤水分严重

亏缺，地表径流和地下水量减少的现象，除危害作物生长、造成作物减产外，还危害居民生活，影响工业生产及其他社会经济活动。

干旱在气象学上有多种涵义：一种是气候学意义的干旱，指某些地区因特定的气候条件，历史上长期性持续缺少降水，形成固有的干旱气候，成为长期性干旱地区。另一种是天气学意义的干旱，指某些地区因天气异常，使某一时期内降水异常减少、水分短缺。这种干旱现象只发生在某一时段内，因此，实质上是短期干旱，它可以发生在任何区域的某时段，既可以出现在干旱或半干旱地区的任何季节，也可以出现在半湿润甚至湿润地区的任何季节。后一种干旱最容易造成灾害，所以，多数情况下所说的干旱指的是这种干旱。

干旱和旱灾是两个不同的科学概念。干旱指的是降水量少，不足以满足适量的人口生存和经济发展需要的气候现象。沙漠、戈壁是最干旱的地区，因水分不足而使树木无法成活的草原地区则属半干旱地区。干旱是常见的现象，干旱不等于旱灾，只有对人类造成损失和危害的干旱才称为旱灾。

无论是气候学意义的干旱，还是天气学意义的干旱，根据其对自然和社会的影响，分为气象干旱、农业干旱、水文干旱和经济干旱。

在这几种干旱中，以农业干旱影响最严重。农业干旱可分为土壤干旱、生理干旱和大气干旱。土壤干旱是指土壤有效水分减少到凋萎含水量以下，使植物生长发育得不到正常供水的情形，土壤水的监测和预测的结果对于防旱抗旱是非常重要的科学依据。生理干旱是指作物体内水分亏缺的生理现象，是因土壤环境不良，使根系生理活动受阻，吸水困难，导致作物体内水分失衡而发生的灾害，两者构成了作物干旱，表现为植物枯萎、减产。

农作物干旱主要与前期土壤温度、作物生长期有效降水量以及作物蓄水量有关，具有复杂、多变和模糊3个特性。大气干旱是由于太阳辐射强、温度高、空气湿度低，有时还伴有中等或较强的风力使大气蒸发力很强所致。大气干旱能对多种作物产生危害，我国最为典型的大气干旱是北方广大冬、春小麦产区在产量形成阶段的干热风。

根据干旱发生季节可分为春旱、夏旱、秋旱、冬旱、春夏连旱、春夏秋连旱。

2. 干旱影响范围

干旱影响范围极为广泛，概括起来主要有经济、自然环境和人类社会3个方面。

干旱对经济的影响主要表现为对农业、林业、牧业、渔业和水产养殖、工业、交通、能源等的影响。不但影响作物产量、木材生长、降低土地生产力，使病虫害蔓延、延迟作物播种，引起森林火灾，而且由于缺水引起工厂停工，降低河道、内河航运及增大电力消耗等。

干旱对自然环境的影响表现为对土地资源、水资源、环境质量影响。由于干旱少雨，常产生土地荒漠化、盐碱风蚀、水蚀增强、作物产量降低、地表植被破坏退化、土地资源减少、河流水库干涸、地下水位下降、空气质量变差、高温及热浪等灾害。

干旱对人类社会的影响表现为人口的变化、生活水平降低、社会的不稳定。

干旱对农业的影响表现出农业干旱的季节性和区域性很强。我国地域辽阔，气候资源丰富多样，从南到北形成了不同的熟制和作物种类。各地降水量的季节分配以及稳定状况对作物不同发育阶段水分需求的保证、满足程度各不相同，这使得我国农业干旱的季节性、地区性非常明显，形成了以地区为中心的作物季节

性干旱。如有华北冬小麦春旱、南方水稻伏旱、华南冬作物冬旱和北方冬小麦、秋作物干旱。

（二）影响干旱灾害强度的因素

影响干旱灾害强度的因素较多，而且比较复杂，大致归纳为6种。

（1）降水量偏少的程度是决定各类干旱严重程度的主要因素。由于地表水、地下水和土壤水可以互相转化，因此，降水量偏少的程度也影响着各种水资源短缺的程度。

（2）不同作物和作物的不同生育期抗旱能力不同，作物品种或生育期的不同水分的需要量不同，受旱程度就有较大差异。

（3）土壤种类、性质、结构、厚度，甚至耕作措施、施肥等都与土壤干旱的程度有关系。

（4）各种大气参数对干旱影响。如大气的湿度及风速制约气温的高低等。

（5）人类活动及社会因素对干旱影响。人类的过度放牧、农垦、毁林开荒助长了土壤侵蚀，水土流失，这种不合理地开发利用自然资源，以致超越了自然条件的承受能力，助长了自然原因的影响，加速了荒漠化和干旱化的进程以及干旱灾害的严重程度。

（6）大气环流和主要天气系统持续异常对大范围干旱有重要影响。

二、防灾与减灾措施

（一）关注气象预报，防御高温

高温是干旱的"兄弟"，也是旱灾的帮凶。干旱发生时，由于没有雨水降温，在烈日的炙烤下，各地的气温会越来越高，出现令人难以忍受的高温天气。高温天气又会反过来加重干旱，使

得旱灾影响进一步加大。

气象部门制定了高温预警信号，分为三级，分别用以黄色、橙色、红色表示。

高温黄色预警信号：连续三天日最高气温将在 35℃ 以上。防御指南：一是有关部门和单位按照职责做好防暑降温准备工作；二是午后尽量减少户外活动；三是对老、弱、病、幼人群提供防暑降温指导；四是高温条件下作业和白天需要长时间进行户外露天作业的人员应当采取必要的防护措施。

高温橙色预警信号：24 小时内最高气温将升至 37℃ 以上。防御指南：一是有关部门和单位按照职责落实防暑降温保障措施；二是尽量避免在高温时段进行户外活动，高温条件下作业的人员应当缩短连续工作时间；三是对老、弱、病、幼人群提供防暑降温指导，并采取必要的防护措施；四是有关部门和单位应当注意防范因用电量过高，以及电线、变压器等电力负载过大而引发的火灾。

高温红色预警信号：24 小时内最高气温将升至 40℃ 以上。防御指南：一是有关部门和单位按照职责采取防暑降温应急措施；二是停止户外露天作业（除特殊行业外）；三是对老、弱、病、幼人群采取保护措施；四是有关部门和单位要特别注意防火。

（二）高温天气要防病

持续的高温酷暑天气，会使人体出现很多的不适和病症，特别是对农民朋友来说，在高温酷暑天气里从事野外劳作，其风险会大大增加。

高温天气里，人体最容易出现以下两种疾病。

中暑。人体的体温是恒定的，当气温高于 33℃ 时，皮肤散热就有困难，人体会产生闷热的感觉；当气温高于 35℃ 以上时，

如果通风不良，人体散热受到更大影响，一些人因身体散热困难，热量积蓄在体内无法散发，就会出现中暑现象。中暑的表现主要是全身发热，体温可达 40 ~ 41℃，并伴有头晕、胸闷、口渴、恶心等症状，严重时，人的面色苍白、血压下降、脉搏细弱甚至昏倒。对中暑的救治，应尽快使其脱离高热环境，先安排在通风良好、较阴凉的地方休息，然后为病人擦去汗水，解开衣服，适当扇风，喝一些带盐的茶水，服清凉药品。病情严重的，要采用人工降温和药物降温，恢复其体温的调节功能，然后迅速送医院救治。

日射病。在野外从事劳动时，在强烈的阳光直射下，人的大脑和脑膜的生理功能会受到影响，出现头晕、头痛、耳鸣、眼花，严重的还会出现昏迷、抽风等症状，这种病叫"日射病"。这是由于阳光照射没有防护的头部后，热能通过皮肤和颅骨，使颅内组织过热，脑膜温度升高，造成脑膜和大脑充血、出血、水肿等，如不及时抢救，会有生命危险。当然，最好的防御还是在外出时，尽量做好防晒措施，在气温过高时不应从事野外体力劳动，注意加强休息。

(三) 农业生产防范旱灾

第一，要经常关注天气信息，根据这些信息来科学、合理安排农事生产。当气象部门预测翌年会出现冬干或春旱天气时，就要高度警觉，及时做好秋季的蓄水保水工作，一些农业生产可适当提前或推迟，如冬小麦可提前浇灌，大田作物的育秧、栽插可适当推迟，以避开干旱的影响。

第二，要节约水资源，避免水资源的过度浪费。有条件的地方，农业生产应改进用水模式，采用节水的灌溉方式。还要合理调配和利用水资源，避免上游过度开垦或放牧，造成下游无水可用，出现旱灾的情况。

第三，应根据干旱情况，适当调整农作物种植结构，如一个地方经常出现旱情，已不适合种植用水较多的水稻时，就应考虑改种玉米、甘薯等耐旱的作物；如果当地经常出现夏旱，就要选择早熟的品种进行种植，以便在夏旱前获得收成，夏旱过后，还应及时做好秋粮的补种，尽量减少干旱造成的损失。

第四，在抗击干旱的同时，千万不能忽视病虫害的监测和防治工作。蝗虫在干旱条件下很容易繁殖，并暴发大面积的虫害，因此，要加强蝗虫的监控，一旦发现苗头，要立即采取措施，将其消灭在萌芽状态。

第五，要兴修水利工程，在条件具备的地方多修建水库和塘堰，将汛期的洪水拦蓄起来，以供干旱时备用。在干旱的山区，一般农户也应修建水窖等集雨设施，将汛期的雨水汇集起来利用。

第六，加强生态环境的保护。要防止过度开垦和放牧，禁止乱砍滥伐，大力开展退耕还林还草工作。同时，合理调度和利用水资源，大力植树造林，改善气候环境。

第七，加强空中水资源的开发。过去，人工增雨只是作为一种应急抗旱使用，即出现旱情时才紧急开展增雨。为有备无患，人工增雨作业要常年开展，千方百计增加当地的降水量和储水量，以随时应对干旱天气。

主要参考文献

刘芳，张明理，赵利民，2021. 绿色农业安全生产与病害防治［M］. 呼和浩特：远方出版社.

曾明荣，李一奇，2022. 中国农村农业安全治理现状与对策［M］. 北京：中国农业出版社.

张朝，张静，王品，等，2022. 农业灾害与粮食安全：极端温度和水稻生产［M］. 北京：科学出版社.